LE REVE DE SABRINA

法國料理基礎篇 I

法國藍帶廚藝學院

丹尼耶-馬爾當 (Daniel Martin)

SOMMAIRE

電影「龍鳳配(英文片名Sabrina，1954年)」中，有一段非常著名的插曲。由奧黛麗赫本飾演的莎賓娜，為了平復失戀的傷痛，而前往巴黎，進入當地的烹飪學校就讀。在巴黎的期間，莎賓娜不僅在烹飪技巧上有了進步，更接受了環境的薰陶，蛻變成一位裝扮入時，氣質高雅的淑女，衣錦還鄉。劇中她所就讀的學校，正是號稱「全世界最具權威的法國料理烹飪學校」的法國藍帶廚藝學院(LE CORDON BLEU)。

法國藍帶廚藝學院(LE CORDON BLEU)，LE CORDON BLEU原為16世紀法皇亨利三世的聖靈騎士團配帶在身上的藍帶勳章。據說這些擁有勳章的騎士個個都是美食專家，他們豪華的晚餐更是聲名遠播，曾幾何時，傑出的烹飪廚師，也就被稱之為藍帶(LE CORDON BLEU)了。法國藍帶廚藝學院的校名取自於這樣的歷史典故，創立於1895年，是一所設在巴黎的法國料理專業學校。100年來，貫徹其自創始初期即立下的「傳統與藝術性並重的法國料理」之教育方針，培育來自世界各地超過50個國家的學生，畢業生當中，成為職業級美食專家、名廚的人更是不計其數，人材輩出，因此而聞名於世。

國藍帶廚藝學院巴黎本校

　　1933年，法國藍帶廚藝學院在倫敦設立了分校，開幕當天即大排長龍，成了一段為人津津樂道的軼事。1991年，終於在代官山也設立了東京分校。東京分校所設置的課程內容幾乎和法國本校相同，目的在於廣泛而深度地學習法國料理。

　　課程中最獨到之處，就是要讓不懂法國料理的門外漢也能夠輕易地學會法國料理的基礎，而特別開設的「莎賓娜課程」。課程的名稱源自於電影「龍鳳配」劇中女主角「莎賓娜」，本書即是參考其課程的內容編輯而成，目的是讓讀者在家中也能夠輕鬆地享用法國美食。

一提到法國料理，尤其是具有傳統的料理學校，就很容易讓人聯想到濃厚的醬汁所調製成的傳統風味，事實卻不然。法國藍帶廚藝學院歷年來由專業的料理大師所組成的教師陣容帶領，一方面維護傳統，一方面也因應各個時代，在調味上作適度的變化。因為，能夠做出讓世界各地味覺感受不盡相同的人，都覺得好吃的食物，才不愧為名符其實的料理大師。

然而，法國藍帶廚藝學院不變的一貫傳統究竟是什麼呢？簡單的說，就是處理素材時能夠充分發揮其特性、紮實的烹調基本知識和技巧吧！當您有能力分辨出同樣的素材，在不同的烹調法下，竟然可以變得如此好吃時，您就已晉升成為美食家行列。

不只限於做法國料理，凡是在烹調食物時，最重要的不外乎是以下列舉的幾項準則。

1、練習（練習做4~8人分，成功率最高）

2、材料的使用與素材的品質。

3、具備紮實的知識和基礎。

4、料理者對料理的敏銳度。

法國料理是無國界的，只會因地域、國家的不同，而在使用素材上有差異。如何發揮各地不同的素材呢？就要靠料理者的味覺靈敏度了。

製作糕點時，嚴守各種材料的使用量，可說是初學者應謹記在心的不二法則。但是在料理時，與其過度拘泥於材料的使用

量，倒不如充分發揮各人的品味，作適度的調整為佳。

那麼，要怎樣才能夠讓自己的味覺更加地敏銳呢？很簡單，就是不斷地試吃。多品嚐各種不同的料理，探討其究竟為什麼好吃，或為什麼不好吃的原因，例如：火是否開得太大或太小等問題，藉由反覆思考各種可能造成的原因，就能夠有效地鍛鍊自己的味覺敏銳度了。

其實，對於藝術擁有高度敏銳性的人，似乎大多也對於品味菜餚具有同樣的特質。而且，對於品味菜餚敏銳度高的人，只要多加練習，一定可以作出好吃的料理來。電影劇情中的女主角「莎賓娜」在歸國時，不僅習得了料理的技巧，在裝扮的品味上更是不可同日而喻，可以說是最具代表性的例子！

"Avoir la patience pour chercher les bonnes choses"

"若是執著於追求佳餚、慎選優良品質的人，便能夠作出好的料理"

本書若可以成為一本好的入門書，有助於所有對法國料理感興趣的人，並可藉由此豐富餐桌上的菜色，我將感到無比的榮幸！

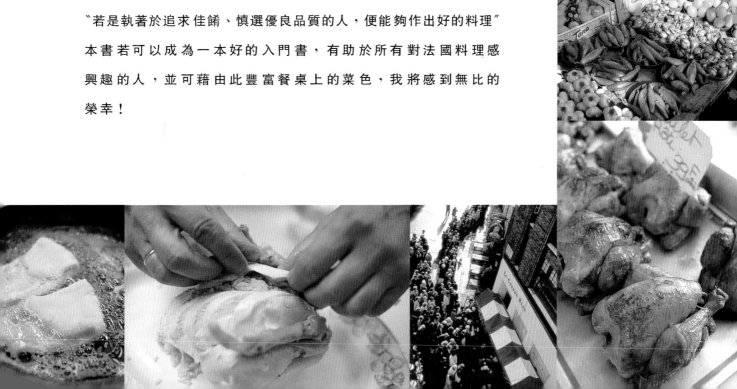

是否能夠作出好吃的菜餚，取決於料理時的加熱方式、在恰當的時間調味，以及素材的搭配方式。因此，法國藍帶廚藝學院在課堂上，並不拘泥於硬性的教材，而是由職業級的料理大師所組成的教授陣容實地示範教學，並在料理的細節上給予詳盡的指正與教導。這樣的教學方式，真是應驗了「百聞不如一見」的道理！為了讓讀者透過閱讀即可了解烹調的方法，原則上，在本書中所有的應用範例裡，都附上了製作過程的示範照片。

基本技巧與應用範例

其實，只要經過詳細的指點，任誰都可以輕而易舉地作出法國料理來。菜餚好吃與否的關鍵因素，在於所使用的高湯，美味的醬汁和湯也是用它做成的。法國料理在蔬菜的切法上也有很多種變化，依照蔬菜切成的大小或形狀不同，各自有特殊的稱法，為料理的專業用語。本書中會逐一介紹這些法國料理的基本常識，以及活用長久以來維護的傳承基礎所做出的應用範例。高湯或蔬菜切法等相關基本技巧，請參照從第91頁開始的內容。

所有的應用，均為以烤、蒸、炸、燉等基本料理方式做出的代表性菜餚，也盡可能搭配各種醬汁，使用的素材也不特別設限。料理時，將鍋中剩餘的烤汁稀釋，或將湯汁濃縮後過濾，充分利用與其相關的味道作為佐伴的醬汁，同樣地，用白肉和白色高湯做成的菜餚，適合搭配沒有烤成焦黃色的蔬菜，用紅肉和褐色高湯做成的菜餚，反而適合搭配烤成焦黃色的蔬菜，這可以説是合乎常理且自然而然可以理解的法則。

不易取得的材料，則就近找其他的代用品，若不是主要的素材，即使是省略不用也沒關係。因為，料理時懂得如何靈活變通，也是很重要的！另外，本書中在作法的地方所提到之 *les ingrédients pour 4 personnes* 意指4人份的材料，*finition* 是指最後裝飾，*commentaires* 是注釋之意。

POTAGE CULTIVATEUR

田園蔬菜湯

RÔTI DE BŒUF

烤牛肉

JARDINIÈRE DE LÉGUMES

田園式蔬菜

RÔTI DE BŒUF, JARDINIÈRE DE LÉGUMES
烤牛肉配田園式蔬菜

「RÔTI」是用烤箱來燒烤之意。最具代表性的菜餚就是烤牛肉，這裡用田園式蔬菜來搭配。

Les ingrédients
pour
6 *personnes*
6人份

牛肉（沙朗或菲力）	800 g
紅蘿蔔	1條
洋蔥	1個
芹菜	1枝
百里香	1枝
月桂葉	1片
大蒜	2瓣
鹽、胡椒	各適量
油	50 cc
奶油	50 g
小牛肉高湯	300 cc
白酒	200 cc

田園式蔬菜：

紅蘿蔔	2條
蕪菁	2個
四季豆	100 g
青豌豆	100 g
奶油	50 g
鹽、胡椒	各適量

commentaires（注釋）：
■「déglacer」是稀釋烤汁之意。即料理過程中，留在鍋底或鐵烤盤裡，凝固成焦糖狀的烤汁，加上一點葡萄酒或料酒、利口酒、高湯、水等液體來加以稀釋之意。

1 紅蘿蔔、洋蔥、芹菜一律切成約1 cm立方的調味用辛香蔬菜（**mirepoix**。參考第98頁）。

2 將牛肉的脂肪清除乾淨，用棉線捆綁。為避免肉塊綁歪，最好從中間開始，再往兩端，間隔地綁約6~7條。

3 牛肉抹上鹽、胡椒。倒些油到平底鍋裡加熱後，將牛肉放進去，煎到表面整個變得焦黃，再移到放了圓網架的托盤上瀝油。

4 用**3**的油鍋將**1**的蔬菜炒過後，攤在烤盤上，再將牛肉放上去，撒上百里香、月桂葉、大蒜。牛肉的表面塗上融化的奶油，以免牛肉烤得太乾。

5 用烤箱以200℃烤約20分鐘，烤到半熟（烤箱要先預熱到200℃）。從烤箱取出後，將牛肉放在圓網架上，放置在溫暖的地方休息約20分鐘。

6 留在烤盤上的蔬菜再稍微炒一下。

7 倒入白酒。

8 白酒燒乾後，倒入小牛肉高湯，稀釋盤內的烤汁。

9 過濾**8**的湯汁，並除去多餘的油脂，倒進湯鍋裡，用大火熬煮20分鐘，並不時地將表面的浮沫撈去。

10 再用細孔的濾網過濾。

11 如此一來，牛肉烤汁的製作就大功告成了。

POTAGE CULTIVATEUR
田園蔬菜湯

蔬菜的切法視做什麼料理而有所不同。做湯時，切薄一點較容易煮熟。

田園式蔬菜

1 紅蘿蔔、蕪菁切成板狀 (jardinière。參考第98頁)，四季豆也切成相同的長度。

2 蔬菜和青豌豆全部分別用水煮過，再放入冰水中。黃綠色蔬菜通常是在水滾後先放鹽進去，再放下去水煮。

3 蔬菜因種類的不同，水煮所需的時間也不同。在煮的過程中，請個別確認紅蘿蔔、四季豆、蕪菁是否已煮熟了。

4 煮熟撈起後，一定要先過冰水，才能維持顏色的鮮艷。

5 湯鍋裡放少許奶油讓它融化，再放入水煮過的蔬菜和青豌豆，加少許鹽、胡椒後再熱一次，即可當配菜和烤牛肉一起端上桌了。

Les ingrédients
pour
6 personnes
6人份

馬鈴薯	200g
洋蔥	100g
韭蔥	1根
紅蘿蔔	100g
蕪菁 (或白蘿蔔)	100g
四季豆	100g
青豌豆	100g
培根	100g
奶油	60g
鹽	適量
雞高湯	2公升

commentaires(注釋)：
■製作蔬菜湯如同製作高湯一樣，都不要蓋上蓋子。鹽在一開始就加進去一起調味。

1 所有的蔬菜切成扇形小薄片 (paysanne。參考第98頁)。

2 培根切成骰子狀。

3 用小火融化鍋內的奶油，放進洋蔥、韭蔥、紅蘿蔔、蕪菁，加些鹽調味，約炒10分鐘，注意不要炒焦了。

4 將馬鈴薯放進**3**裡，再炒幾分鐘。

5 倒入雞高湯 (參考第92頁)，並撈掉浮沫，用小火煮30分鐘。

6 青豌豆和四季豆 (原則上最好) 分別用水煮，培根煎過後，用濾網將油濾掉不要，再將以上的材料全倒入**5**裡。

ŒUFS EN GELÉE AU SAUMON FUMÉ
水波蛋配燻鮭魚凍

CÔTES DE PORC POÊLÉES SAUCE CHARCUTIÈRE
香煎豬肋排佐特製招牌醬汁

ŒUFS EN GELÉE AU SAUMON FUMÉ
水波蛋配燻鮭魚凍

用濾過的澄清高湯來結凍，並搭配水波蛋的作法，是這道菜獨到而優雅之處。

Les ingrédients

pour

4 *personnes*

4人份

蛋　4個

煙燻鮭魚　150g

香葉芹　1束

鮮奶油　50cc

澄清雞高湯 (參考第95頁)
　　300cc

明膠片(吉力丁)　7g

鹽、胡椒　各適量

白醋　適量

finition（最後裝飾）：
■12的底部用溫水浸幾秒鐘，再脫模，盛到盤裡。然後再依個人的喜好，擺上巴西里等來做裝飾。(其他例如：用煙燻鮭魚或蕃茄的皮捲成花的形狀來做裝飾等等。)

1 煙燻鮭魚配合模型的大小切成菱形 (裝飾用)。切剩的用果汁機攪成泥狀後，移至攪拌盆中，再將60cc的澄清高湯一邊慢慢地注入，一邊用攪拌器混合。

2 加入鮮奶油，再加入鹽、胡椒調味，用木杓充分拌合後，攪拌盆的底部隔冰水放置冷卻。

3 加熱剩餘的澄清高湯，並放入用水浸泡並瀝乾過的明膠片溶解。

4 將**3**倒入鋪著廚房紙巾的小漏杓裡過濾，再調整一下味道。

5 將**4**倒入模型中約達3mm的高度，冷藏至結凍。

6 將香葉芹的葉片正面朝下擺進模型的正中央，再擺上切成菱形的煙燻鮭魚片。然後，用擠花袋將煙燻鮭魚泥擠上去，放置冰箱冷藏。

7 將蛋一個個地打進各個放了一點醋的小鋼杯裡。

8 將水和少量的醋放進鍋裡加熱。水滾過一次之後，關火，然後在即將沸騰前的平靜狀態下，注意不要讓蛋破掉，整個倒進去，水煮3～4分鐘。

9 煮的過程中，邊整理蛋白，不要讓它散掉。

10 迅速撈起後，為避免煮得過熟，需過一下冷水。

11 用剪刀或刀子將蛋白呈毛狀的部分修掉，整理蛋的形狀。

12 將蛋放進**6**裡，澆上**4**冰涼的凍汁，放置冰箱約1小時，冷藏結凍即可。

CÔTES DE PORC POÊLÉES SAUCE CHARCUTIÈRE
香煎豬肋排佐特製招牌醬汁

這道菜充滿了褐色高湯的獨特風味。搭配的馬鈴薯泥也是入口即化，美味無比。

Les ingrédients
pour
4 personnes
4 人份

豬肋排 (160g)　4塊
油　3大匙
奶油　80g
洋蔥　1個
白酒　150cc
白酒醋　80cc
小牛肉褐色高湯　300cc
芥末 (法國第戎 (Dijon) 産)　30g
酸黃瓜　60g
巴西里 (切碎)　適量
鹽、胡椒　各適量

馬鈴薯泥：
馬鈴薯　750g
奶油　120g
牛奶　100g
鮮奶油　100cc
粗鹽、鹽　各適量
肉豆蔻粉、胡椒　各少許

f i n i t i o n（最後裝飾）：
■將**2**的肋排切成容易吃的大小，排列在盤子上，淋上醬汁，再撒上切碎的巴西里。

1 處理豬肋排骨頭周邊部分的肉，兩面都抹上鹽、胡椒。

2 在鍋內放點油和奶油熱鍋，慢慢地將**1**煎成漂亮的焦褐色。

3 洋蔥切碎，將**2**的油倒掉後，用奶油炒過，並注意不要炒焦了。

4 倒入白酒醋熬煮。

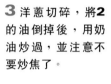

5 加入白酒，用大火加熱，待熬煮到快要燒焦時，倒入小牛肉褐色高湯，用小火煮約20分鐘。

6 將芥末放進小攪拌盆裡，一點點地將**5**的醬汁倒進去，並用攪拌器攪拌。

7 當芥末和醬汁混合均勻後再倒回鍋裡，待芥末均勻地溶解後再重新調味並過篩。切記加入芥末後千萬不可再將醬汁煮到沸騰！因為這樣會使醬汁油水分離，又得從頭再做一次。

8 酸黃瓜切成細絲 (**julienne**。參考第98頁)，放進醬汁裡。

9 製作馬鈴薯泥。馬鈴薯去皮，洗淨，切大塊。放進鍋內，水中加少許粗鹽，煮約40分鐘。

10 煮熟後把水瀝掉。為了讓水分能夠完全蒸乾，可用小火煮約5分鐘，或攤在烤盤上入烤箱以低溫烘烤幾分鐘。

11 然後，趁熱用蔬菜研磨器 (**moulin à legumes**) 迅速磨成薯泥。

12 加入奶油和牛奶，用刮刀拌勻後，再加入鮮奶油。最後，加入肉豆蔻粉、鹽、胡椒來調味。

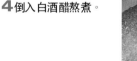

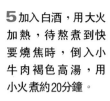

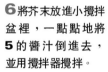

OMELETTE AUX POMMES DE TERRE

洋芋蛋捲

BLANQUETTE DE VEAU A L'ANCIENNE
古法精燉小牛肉

OMELETTE AUX POMMES DE TERRE
洋芋蛋捲

蛋捲的內部是鬆軟而半熟的。製作的時候使用大量的奶油,添加煎過的馬鈴薯或辛香植物,可以讓它更有變化性。

Les ingrédients

pour

4 personnes

4人份

全蛋　8~12個
馬鈴薯　2個
大蒜　1瓣
巴西里(切碎)　1大匙
油、奶油　各適量
鹽、胡椒　各少許

commentaires(注釋):
■蛋的用量,雖然日本的標準一般為1人份用2個。不過,用3個來做,煎成半熟的狀態比較容易成功。若是在蛋捲裡加糖,便成了一道甜點了。

1 馬鈴薯帶皮水煮。煮熟後,就這樣原封不動地放在水中讓它自然冷卻,再去皮,切成骰子狀。

2 用等量的油和奶油將**1**炒過。

3 加入鹽、胡椒調味,再放入切碎的巴西里一起炒。

4 將2~3個蛋放到容器裡攪開,加入鹽、胡椒調味。

5 奶油放入平底鍋中讓它融化,將**4**倒進去,用叉子或其他器具來攪開。
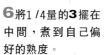

6 將1/4量的**3**擺在中間,煮到自己偏好的熟度。

7 邊用叉子整理形狀,邊捲起來。

8 包的料較多時,可以像這樣先包起兩邊來,再捲。

9 再翻面,扣在盤子裡。
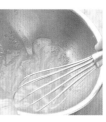

辛香植物風味蛋捲:
全蛋　8~12個
巴西里(切碎)　2大匙
香葉芹(切碎)　1大匙
龍蒿(切碎)　1大匙
奶油、鹽、胡椒　各適量

蛋攪開後,加入切碎的香料植物一起煎。煎法同上。煎到半熟最為好吃。

BLANQUETTE DE VEAU A L'ANCIENNE
古法精燉小牛肉

這是一道用小牛肉白色高湯做成的菜。在家裡若是沒有現成新鮮高湯可用，可用超市買的高湯塊加進煮肉的湯汁裡增加濃度，就是很好的替代品了。

Les ingrédients

pour

4 *personnes*

4 人份

小牛肩肉　1 kg
紅蘿蔔　1 條
韭蔥　1 枝
芹菜　1 枝
洋蔥 (插上丁香)　1 個
調味辛香草束 (bouquet garni)　1 束
小牛肉白色高湯　1 公升
鹽、胡椒　各適量

裝飾配菜：
小洋蔥　8 個
蘑菇　150 g
馬鈴薯　4 個
奶油　2 大匙
鹽、粗鹽　各適量
檸檬汁　少許
巴西里 (切碎)　少許

醬汁：
奶油　40 g
麵粉　40 g
小牛肉白色高湯　600 cc
鮮奶油　200 cc
蛋黃　2 個
鹽、胡椒　各適量

finition（最後裝飾）：
■將肉從 **7** 中取出，盛到盤中。
■蛋黃在攪拌盆中打散，將醬汁慢慢倒進去稀釋混合，到呈液態狀後，再倒回醬汁裡溶解混合。過濾醬汁，澆在肉的表面上。
■削成橄欖狀的馬鈴薯配上切碎的巴西里，和 **8**、**9** 擺在一起做裝飾。

commentaires（注釋）：
■步驟 **8** 在煮小洋蔥時，如果加太多水，煮出來的洋蔥就沒味道了，要特別留意！
■加入蛋黃後，千萬不要再煮沸騰！若要再熱過，就用隔水加熱的方式慢慢地加熱（不可超過 65℃）！這就是醬汁要留到最後再做的原因。

1 小牛肩肉全部切成邊長 3 cm 的塊狀。

2 24 小時不停地利用流水將肉塊去除血味。

3 將 **1** 已去血的肉放入鍋中，用冷水蓋到剛好可以淹沒肉的高度，加熱。沸騰後，將水瀝掉，肉過冷水。

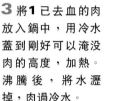

4 肉倒回鍋裡，放入辛香蔬菜，倒入小牛肉白色高湯到剛好可以淹沒的高度，加鹽、胡椒調味，煮到沸騰。

5 沸騰後，小心地撈掉浮沫，用小火煮約 1 小時，再將肉取出，用沾溼的布巾覆蓋備用。過濾湯汁。

6 製作醬汁。準備白色麵糊 (roux blanc)，待冷卻後，拿少量的高湯、或 **5** 的湯汁慢慢地倒入稀釋，混合到一個程度後，再全部倒入一起混合，加鹽、胡椒調味，用小火煮最少 30 分鐘。

7 加入鮮奶油，煮約 15 分鐘後過濾，再將 **5** 的肉放進去，加熱熬煮。

8 製作裝飾配菜。小洋蔥去皮，放入可以並排所有的洋蔥大小的鍋裡，加入 1 大匙奶油、1 小撮鹽，注入可淹沒洋蔥高度的水，用中火煮約 10 分鐘。千萬不要煮到變色！

9 蘑菇縱切成 4～6 等份放入鍋裡，加入 1 中匙奶油、1 小撮鹽、檸檬汁和少量的水加熱。沸騰後，再煮 5 分鐘，然後將水瀝掉，置旁備用。

10 馬鈴薯削成橄欖狀（周邊削成圓弧形，狀似橄欖樣，長度約 5～6 cm）。放入鍋中，加入少許粗鹽，注入可以淹沒馬鈴薯高度的水，加熱到沸騰後，再煮 12～15 分鐘。

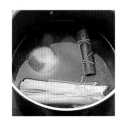

CRÈME DE TOMATE AU BASILIC

九層塔風味蕃茄濃湯

FILETS DE BAR POCHÉS SAUCE VIN BLANC
水煮鱸魚菲力佐白酒醬汁

CRÈME DE TOMATE AU BASILIC
九層塔風味蕃茄濃湯

這是道酸而濃的湯，趁機將蕃茄用滾水燙過後剝皮，再用蕃茄果肉切丁來做菜的方法學起來吧！

Les ingrédients
pour
6 *personnes*
6人份

熟透的蕃茄　1kg
洋蔥　100g
韭蔥 (蔥白的部分)　100g
大蒜　1瓣
九層塔　1束
奶油　50g
濃縮蕃茄醬　2大匙
砂糖　1小撮
調味辛香草束 (bouquet garni)
　1束
麵粉　2大匙
雞高湯　1.5公升
鮮奶油　150cc
鹽、胡椒　各適量

裝飾配菜：
生食用蕃茄切丁　100g

commentaires (注 釋)：
■日本的蕃茄水分多，紅色的部分較少，因此，可以加些濃縮蕃茄醬來加味和增添色彩。
■用蕃茄切丁來做裝飾配菜，有生食用和熟食用兩種作法，主要差別是生食用蕃茄切丁較注意外觀整齊漂亮。

1 蕃茄縱切成8塊。洋蔥和韭蔥、大蒜切成絲，選幾片漂亮的九層塔葉子留做裝飾用。

2 將**1**的洋蔥、韭蔥、大蒜、及剩餘的九層塔用奶油炒過，注意不要炒焦了。

3 依序將蕃茄醬、蕃茄、鹽、胡椒、砂糖、調味辛香草束、麵粉放入，用小火煮約15分鐘。

4 加入雞高湯，不時地攪拌，繼續煮約35分鐘。

5 將**4**的調味辛香草束取出，用果汁機打過。如果有像照片中「手持食物攪拌器 (**mixeur**) 」這樣的器具可以直接放進鍋中攪拌，就更方便了。

6 用細孔的濾網過濾後，加入鮮奶油，加熱幾分鐘後再重新調味。

7 製作生的蕃茄切丁。先將蕃茄放入沸水中燙幾秒，再放入冰水中。

8 然後剝皮，切四等分，去籽。

9 切成邊長約2 mm的骰子狀。

10 九層塔切碎，用奶油和水炒過，再和生的蕃茄切丁一起拿來做浮在湯面的裝飾。也可依個人的喜好再加些稍微打發過的鮮奶油讓它漂浮在湯的表面。

FILETS DE BAR POCHÉS SAUCE VIN BLANC
水煮鱸魚菲力佐白酒醬汁

這道菜的特點在於魚高湯的用法和濃湯(veloute)的作法,是一道味道香濃的魚料理。

Les ingrédients

pour

4 personnes

4 人份

鱸魚 (150~200g)　4 塊

紅蔥頭 (切碎)　2 個

蘑菇　100g

白酒　200cc

魚高湯　500cc

奶油　25g

麵粉　25g

鮮奶油　200cc

蛋黃　2 個

黃檸檬汁　1 大匙

奶油　100g

鹽、胡椒　各適量

奶油炒菠菜:

菠菜　2 把

油　10cc

奶油　20g

鹽、胡椒　各適量

commentaires(注釋):

■用在魚料理上,以熬過的湯汁做成的白酒醬汁種類很多,而這裡所介紹的是較典型的一種作法。這樣的作法,還可以運用在其他種類的魚 (鯛魚、鮭魚、鱈魚等)料理上。

finition(最後裝飾):

■沒有特定的裝飾方法,在此,是在魚的底下和周圍擺上菠菜,上面擺上 **3** 煮好的白色蘑菇,最後再淋上 **7** 的白酒醬汁。

1 托盤內塗上奶油,再將切碎的紅蔥頭、鹽、胡椒、鱸魚塊放進去,倒入白酒和魚高湯 (若沒有魚高湯,可用魚骨和水來代替),放置冰箱內備用。

2 用奶油和麵粉各 25g 製作白色麵糊 (roux blanc),放著讓它冷卻。

3 蘑菇切成薄片,加入適量的鹽、1大匙的黃檸檬汁、1小匙的奶油、1大匙的水,在鍋中一起煮,讓它沸騰約5分鐘。

4 加熱魚肉 (要吃之前再加熱)。在烤盤紙上塗抹奶油,蓋在 **1** 的上面,整盤一起加熱到沸騰。

5 再移到烤箱以約 200℃ 烤5~10分鐘,烤好後再將整塊魚肉移到其他的托盤中,避免魚肉解體,蓋上濕布。剩下的湯汁過濾後,倒入鍋中,並加入 **3** 的湯汁熬煮到沸騰。

6 製作濃湯。將 **5** 的湯汁一點點地倒入 **2** 裡,用攪拌器攪拌,待完全混合均勻,用小火熬煮30分鐘以上。然後,加入鮮奶油,再熬煮約10分鐘 (參考第96頁)。

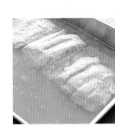

7 勾芡。蛋黃放入容器中打散,再一點點地將 **6** 的濃湯倒入,並用攪拌器攪拌。完全混合均勻後,用小火熬煮幾分鐘,然後過濾。

8 菠菜去掉梗的部分,葉片仔細地洗幾遍後,將水瀝乾。

9 平底鍋內放油加熱後,再將菠菜放進去,並用鹽、胡椒調味。

10 再加入奶油炒過後,倒入濾網將油瀝乾。雖然菠菜大多是用水煮的,不過像這樣用炒的,不僅快,而且好吃。

POULARDE POCHÉE SAUCE SUPREME
水煮肥雞佐白色奶油醬汁

SALADE NIÇOISE

尼斯沙拉

SALADE NIÇOISE
尼斯沙拉

這是一道用油醋拌多種食材而製成的沙拉。油煮鮪魚的美味是鮪魚罐頭無法相比的！

Les ingrédients
pour
4 *personnes*
4人份

馬鈴薯	200g
鮪魚	200g
小黃瓜	1條
芹菜	2枝
紅色甜椒	1個
青椒	1個
四季豆	100g
蕃茄 (小一點的)	200g
水煮蛋	2個
櫻桃蘿蔔	1把
紫色洋蔥 (圓切片)	適量
沙拉菜 (萵苣)	1顆
黑橄欖 (油漬)	8個
鹽漬鯷魚	4條
橄欖油	適量
百里香	1枝
月桂葉	1片

油醋：
橄欖油	90cc
紅酒醋	30cc
芥末 (法國第戎 (Dijon) 產)	
	1大匙
鹽、胡椒	各適量
巴西里 (切碎)	適量

finition（最後裝飾）：
■沙拉菜洗淨後瀝乾，鋪在盤底，蔬菜顏色搭配好盛在盤中，馬鈴薯擺在正中央，蕃茄和水煮蛋裝飾在周邊。鮪魚片散放在上面，並用黑橄欖、鹽漬鯷魚、紅皮白蘿蔔、紫色洋蔥的圓切片來做裝飾，要吃之前再淋上油醋。

commentaires（注釋）：
■用乾燥豆類和澱粉質含量高的蔬菜做沙拉時，在它還在微溫的狀態下淋上油醋，最容易被吸收。反之，用青色蔬菜時，為避免醋會使蔬菜變色，就應在吃之前再淋上去調味。

1 馬鈴薯洗淨，帶皮水煮（水裡要放鹽），煮熟後，就這樣放著讓它自然地冷卻。蛋用水煮硬一點（放在水中加熱，沸騰後約10分鐘再關火）。

2 鮪魚撒上鹽，放約30分鐘後，洗淨瀝乾。

3 將**2**和百里香、月桂葉放入小鍋子裡，倒入橄欖油到可以覆蓋整個材料，蓋上鍋蓋用小火慢煮約15分鐘。

4 鮪魚肉煮熟，自然冷卻後，用手順著紋理撥成容易吃的大小。

5 小黃瓜、芹菜、紅色甜椒、青椒切成細絲 (julienne。參考第98頁)。

6 青椒等較厚的蔬菜先橫切成和其他蔬菜相同厚度的薄片，再切成絲。

7 四季豆水煮後，切成和其他蔬菜相同的長度。

8 水煮蛋縱切成4片，蕃茄縱切成6片（因為蕃茄大小不一，所以請儘量切成和水煮蛋一樣的大小）。

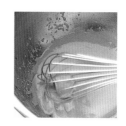

9 櫻桃蘿蔔切成像花朵的形狀。

10 依序將鹽、胡椒、芥末、醋放進容器裡，用攪拌器混合均勻。

11 一邊攪拌，一邊慢慢倒入橄欖油。用煮鮪魚剩下的橄欖油來代替也可以。

12 將微溫的馬鈴薯去皮，切成骰子狀，再用醋醬和切碎的巴西里來調味。

POULARDE POCHÉE SAUCE SUPRÊME
水煮肥雞佐白色奶油醬汁

肥雞煮過後的湯汁不僅可以用來煮匹拉夫燴飯 (riz pilaf)，還可以用來做白色醬汁，可以說是一道既豪華，
又絲毫不浪費一丁點食材的佳餚。

Les ingrédients

pour

4 personnes

4人份

肥雞 (肉質佳的)　1隻 (約1.5kg)

紅蘿蔔　1條

洋蔥 (插2枝丁香)　1個

韭蔥　1枝

芹菜　2枝

調味辛香草束 (bouquet garni)　1束

雞高湯 (用水也可以)　1公升

醬汁：

奶油　30g

麵粉　30g

雞高湯 (或上述煮雞的湯汁)　600 cc

鮮奶油　150 cc

蛋黃　2個

黃檸檬汁　1個的份量

鹽、胡椒　各適量

匹拉夫燴飯 (riz pilaf)：

米　200g

洋蔥 (切碎)　60g

奶油　適量

調味辛香草束 (bouquet garni)　1束

鹽　適量

雞高湯　米的1又1/2倍

commentaires (注釋)：
■雖然這是一道充分活用雞高湯的菜餚，但是在家中並不須特別準備高湯來做，只要能夠靈活運用雞煮過後的湯汁，不要浪費即可。雞肉的處理方法和棉線的綁法請參考第97頁。

1 雞的表面擦乾，綁上棉線，和香料蔬菜材料一起放入鍋中。倒入雞高湯，用大火煮到沸騰，撈掉浮沫，將爐火調降到水面會煮到震動的程度，約煮45分鐘。

2 將雞從鍋中取出，用濕布包裹以保持濕潤，放置在溫暖的地方。用30g的麵粉和等量的奶油製作白色麵糊 (roux blanc)備用，記得不要焦掉。

3 白色麵糊冷卻後，將600 cc的雞高湯 (或**1**的湯汁)邊一點點地倒入稀釋，邊用攪拌器混合均勻。

4 煮沸後，接著用小火煮30分鐘以上，然後加入鮮奶油，再煮幾分鐘。

5 最後，加入蛋黃增強粘度(先將蛋黃放進容器內攪開，倒入少量的醬汁稀釋後，再整個倒回醬汁內)。先用鹽、胡椒調味，再加入黃檸檬汁，然後過濾。

6 製作匹拉夫燴飯。米洗淨後用濾網撈起，並瀝乾。湯鍋內放少許奶油讓它融化，將切碎的洋蔥用小火慢炒，記得不要炒焦了。

7 放入米，炒到飯粒會彈起來 (發出劈哩啪啦的聲音)後，加入雞高湯，先煮到沸騰。

8 再放入調味辛香草束，用鹽調味，再蓋上鍋蓋，用烤箱以180℃烤18分鐘。煮好後，用叉子等器具攪拌混和，記得千萬不要再加熱了。

9 除去綁雞用的棉線，用菜刀切開雞胸的正中央，切下兩側的雞胸肉。

10 骨頭用剪刀剪掉，並將雞的底部修整乾淨。

11 將匹拉夫燴飯塞進去。剩餘的匹拉夫燴飯可裝在其他的盤上，或墊在整隻雞的下面。

12 將雞胸肉的皮剝掉後，切成薄片，裝飾在匹拉夫燴飯上。然後重新加熱，淋上醬汁。

主菜為炸
小牛肉片
所設計的
菜單

MACÉDOINE DE LÉGUEMS MAYONNAISE
美奶滋拌什錦蔬菜

ESCALOPES DE VEAU VIENNOISE
維也納式炸小牛肉片

MACÉDOINE DE LÉGUEMS MAYONNAISE
美奶滋拌什錦蔬菜

美奶滋醬是呈乳狀的冷式醬汁的一種。比市售的美奶滋好吃多了！

Les ingrédients
pour
4 *personnes*
4 人份

紅蘿蔔　1 條
蕪菁　2 個
馬鈴薯　1 個
青豌豆　100 g
四季豆　100 g
鹽、胡椒　各適量

美奶滋醬：
沙拉油　250 cc
蛋黃　1 個
芥末　1 小匙
鹽、胡椒　各適量
黃檸檬汁　少許

裝飾配菜：
沙拉菜 (萵苣)　1 顆

commentaires (注釋)：
■ 蔬菜要完全瀝乾，加了美奶滋醬才不會被水沖淡了。所以，儘量早點將蔬菜水煮，放進濾網瀝乾，或用布包起來將水吸乾。

1 蔬菜全切成像青豌豆大小的骰子狀。

2 所有的蔬菜分開來水煮 (參考第13頁)，將水分瀝乾後，再用布擦乾。然後，放入容器裡，混合前先加入鹽、胡椒。

3 製作美奶滋醬。將蛋黃、芥末、鹽、胡椒放入容器裡，用攪拌器混合均勻。

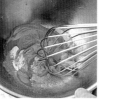

4 將沙拉油一點點地加進去，不斷地混合。

5 一邊慢慢地加入黃檸檬汁，一邊不停攪拌至美奶滋狀。

6 將**5**加到**2**裡拌勻。

7 沙拉菜洗淨瀝乾後，鋪在盤子上，再將已拌勻的**6**盛到盤中，堆成半球形。冰到恰到好處後再吃。

ESCALOPES DE VEAU VIENNOISE
維也納式炸小牛肉片

拍薄後的肉片炸過後香香脆脆的，和做配菜的煎馬鈴薯一起享用，更增添了炸肉片的美味可口。

Les ingrédients
pour
4 personnes
4 人份

小牛里脊肉薄片 (1片130g) 4 片
鹽、胡椒 各適量
油 4大匙
奶油 60g
小牛褐色高湯 100cc

炸粉：炸肉片時的外皮
蛋 2個
油 少許
麵粉 60g
麵包粉 100g

裝飾配菜：
檸檬圓切片 4片
黑橄欖 4個
鹽漬鯷魚 4條
水煮蛋 2個
巴西里 (切碎) 少許
酸豆 (câpre) (切碎) 50g

煎馬鈴薯：
馬鈴薯 600g
油 100cc
奶油 60g
鹽、胡椒 各適量
巴西里 (切碎) 適量

finition（最後裝飾）：
■小牛肉片放在盤中，小牛高湯增加濃度後，像畫細線般地淋在肉片的四周。裝飾配菜（水煮蛋的蛋黃和蛋白、酸豆 (câpre)、巴西里），配好顏色裝飾上去，小牛肉片的中央放上檸檬圓切片、鹽漬鯷魚、橄欖作為裝飾。煎馬鈴薯盛到其他的盤中。

1 將保鮮膜鋪在小牛里脊肉上，用肉槌或大菜刀一片片地敲薄到面積變為原來的一倍大。

2 兩面抹上鹽、胡椒，再準備沾上炸粉。首先，撒上麵粉。

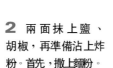

3 蛋打散，加點油，再用來沾肉片。然後，將麵包粉撒在肉片上。

4 用菜刀輕輕地壓出紋路。

5 平底鍋內放油和奶油加熱融化，先從有菜刀壓出紋路的那面開始，邊搖晃鍋子，均勻地炸到變為漂亮的黃褐色。另一面也同樣炸好後，就放置在溫暖的地方。

6 煎馬鈴薯。先將馬鈴薯去皮，再削成圓筒狀。

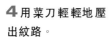

7 切成3~4mm厚的圓片，放入水中，撈掉浮沫。

8 為避免在煎的時後油會濺起來，先用布包裹擦乾水分。

9 平底鍋內放油加熱後，將馬鈴薯放進去，煎到變成漂亮的褐色，再把油瀝乾。

10 鍋內重新放入奶油和**9**的馬鈴薯片，用鹽、胡椒調味。

11 撒上切碎的巴西里，盛到盤中。

12 如果一開始就將奶油放進去，就很容易燒焦，無法煎得漂亮。先用油煎過後再放奶油進去調味，是煎馬鈴薯時的一大訣竅！

AUBERGINES FARCIES "SABRINA"

「莎賓娜」式茄子鑲肉

FILETS DE SOLE GRENOBLOISE
格勒諾布爾式鰨魚菲力

AUBERGINES FARCIES "SABRINA"
「莎賓娜」式鑲茄子

這是一道用烤箱烤的蔬菜料理,不僅塞了肉餡而且份量十足。宛如「莎賓娜」的風格,簡單又漂亮。

Les ingrédients
pour
4 personnes
4人份

厚紫茄　3個
橄欖油　適量
粗鹽　適量
蕃茄　2個
格律耶爾乳酪 (Gruyère)　100 g
九層塔　1束
鹽、胡椒　各適量
cayenne辣椒粉 (poivre cayenne)
　極少量

熟食用蕃茄切丁:
蕃茄　300 g
紅蔥頭　2個
大蒜　2瓣
百里香　1枝
月桂葉　1片
橄欖油　適量
鹽、胡椒　各適量
cayenne辣椒粉 (poivre cayenne)
　極少量

c o m m e n t a i r e s（注釋）:
■「monder」是指用步驟10的方法剝去蕃茄的外皮,或將青椒烤過後剝皮之意。

1 茄子去蒂後對半縱切,表皮朝下並排在鋪了粗鹽的鐵烤盤上,用刀尖在朝上的那一面劃上約5 mm～1 cm深的格子紋。

2 撒一點鹽,倒一點橄欖油,用烤箱以大火 (200℃) 烤約25分鐘。

3 準備熟食用蕃茄切丁(用紅蔥頭來代替一般常用的洋蔥)。蕃茄用滾水燙過後放入冰水裡剝皮,對半橫切,去籽,再切碎備用。

4 紅蔥頭切碎,加2大匙的橄欖油炒過。

5 加入**3**切碎的蕃茄一起炒,再加入百里香、月桂葉、切碎的大蒜一起熬煮。

6 煮到水分蒸乾到變成糊狀後,加鹽、胡椒、cayenne辣椒粉調味(如果有巴西里,可將莖的部分放進去添加香味)。

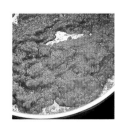

7 2 烤好後,用湯匙挖出果肉的部分切碎。

8 將**6**、九層塔切絲(可依個人喜好加入切碎的大蒜)、鹽、胡椒、cayenne辣椒粉和一半的格律耶爾乳酪放進**7**裡,加以混合。

9 用**8**塞滿茄子皮內。

10 蕃茄去皮。先將整顆蕃茄放入沸水中燙幾秒鐘,再放入冰水中,剝皮。

11 剩下的1個茄子對半縱切後,切成薄片,用橄欖油炒。

12 去皮後的蕃茄切成薄片,和**11**一起交錯地擺在**9**的上面,再將剩餘一半的格律耶爾乳酪撒在上面,用烤箱以大火烤約20分鐘。烤好後裝在盤裡,用巴西里等作裝飾。

FILETS DE SOLE GRENOBLOISE
格勒諾布爾式炸鰨魚菲力

趁機學習鰨魚的處理方法和奶油炸魚的技巧吧！使用了油炸吐司粒的格勒諾布爾式配菜，讓這道菜顯得更豪華豐盛。

Les ingrédients
pour
4 personnes
4 人份

鰨魚（600g） 2條
麵粉 100g
鹽、胡椒 各適量
油 100cc
奶油 150g
吐司 2片
黃檸檬 2個
酸豆（câpre） 60g
黃檸檬汁 1個的份量
巴西里（切碎） 3大匙

commentaires（注釋）：
■奶油炸魚原本是要將魚切開成4片來一片片地炸，但是，因為日本的鰨魚較薄，就折成三折來炸。加熱時，通常都是從魚身朝外的那面開始炸，若是折疊起來炸，為避免魚肉鬆開來，請先從重疊的底部開始炸。

1 將鰨魚的皮剝掉。首先，用刀尖將靠近魚尾的皮切開。

2 用布抓著皮，從魚尾往頭的方向拉，把皮剝開。

3 將魚切開成5份(即分解成雙面各兩片魚肉，加上中間的一片魚骨，總共有5份)。先把切魚刀從魚的上面正中央切入。

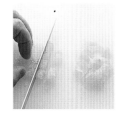

4 切到邊緣，將魚的菲力順著魚骨取下來。

5 另外半邊也翻面後從正中央切開，同樣將魚的菲力順著魚骨取下來。然後，將魚肉洗淨，瀝乾。

6 兩面都抹上鹽、胡椒，撒上麵粉，再折成三折。

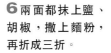

7 平底鍋內放油和奶油加熱，再將**6**放進去炸。這樣的炸法稱之為「奶油炸魚」。炸的時候要炸到兩面都變成漂亮的褐色為止。炸好後放到托盤裡瀝油，放置溫暖的地方備用。

8 製作裝飾配菜。將吐司的邊切下，再切成5mm的方塊，用油和奶油炸成褐色，將油瀝乾（參考第40頁）。將黃檸檬的果肉切成和油炸吐司粒一樣大小塊。

9 加熱融化平底鍋內剩餘的奶油，直到起泡變成漂亮的褐色。

10 將**8**和酸豆(câpre)放進**9**裡，倒入黃檸檬汁後加熱，並注意不要燒焦了，再放上巴西里。最後，淋在重新熱過的鰨魚片上。

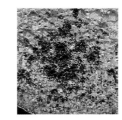

EPAULE D'AGNEAU RÔTIE BORDELAISE
波爾多式香烤小羊肩肉

TIMBALES D'ŒUFS BROUILLES, TOMATE, JAMBON

蕃茄火腿奶油滑蛋餡餅

TIMBALES D'ŒUFS BROUILLES, TOMATE, JAMBON
蕃茄火腿奶油滑蛋餡餅

餐廳裡的奶油滑蛋為什麼能夠那麼地鬆軟，祕訣就在於它是用隔水加熱的方式做出來的。
如果再配上三角形油炸吐司片，就更美觀了。

Les ingrédients

pour

2 *personnes*

2 人份

全蛋　　4個
奶油　　30g
鮮奶油　　30cc
鹽、胡椒　各適量
生火腿　　1~2片
熟食用蕃茄切丁　100g
　（3個左右的份量）
吐司　　2片
澄清奶油 (參考第65頁)　適量

commentaires（注釋）：
■「bain-marie」就是將素材放入容器或鍋中，底部隔水加熱之意。這個料理用語也可以用在製作肉凍派 (pâté)時，將砂鍋浸在放了水的鐵烤盤上，放進烤箱中蒸烤的作法上。

1 參考第36頁的「莎賓娜」肉餡茄子，製作熟食用蕃茄切丁，生火腿切成小骰子狀，在平底鍋內和蕃茄一起混炒。

2 吐司邊切掉後，切成三角形，放進平底鍋內用澄清奶油炸。

3 炸到兩面都變成金黃色，就成了油炸吐司片了。

4 炸好後，放在鋪了紙巾的濾網或托盤上，將多餘的油吸乾。

5 將蛋打到容器內，攪開，加上鹽、胡椒調味後，加入融解的奶油和一半分量的**1**。

6 將**5**隔水加熱，並不斷用攪拌器攪拌。

7 最後，加入鮮奶油攪拌即可。倒進盤中，堆成鼓狀，周圍擺上三角形油炸吐司片，再用剩餘的**1**和香葉芹等裝飾。

EPAULE D'AGNEAU RÔTIE BORDELAISE
波爾多式香烤小羊肩肉

小羊肉也是法國料理常會用到的素材之一，而這道菜不僅充分利用了烤汁，
還用上紅蔥頭和巴西里做波爾多風格的炒石蕈 (cèpe)。

Les ingrédients
pour
6 personnes
6 人份

小羊肩肉塊　　800g
(帶骨則約1.2kg重)
大蒜　　1瓣
紅蘿蔔　　1條
洋蔥　　1個
芹菜　　1枝
百里香
月桂葉 　}各適量
鹽、胡椒
奶油　　60g
油　　50cc
白酒　　100～150cc
小牛褐色高湯　　400cc

裝飾配菜：
石蕈 (cèpe) (也可使用香菇)　　600g
紅蔥頭 (切碎)　　3個
巴西里 (切碎)　　3大匙
油　　30cc
奶油　　60g
鹽、胡椒　　各適量

commentaires (注釋)：
■小羊肉和小牛肉一樣，很難買到日本產的，而紐西蘭進口的卻很多。
■所有的菇類在炒的時候，不能用高溫的油來炒，要先利用好油煎成一層類似保護作用的膜，讓蘑菇的美味和水分不會流失，再用奶油來增添它的味道。

1 到肉店訂一塊小羊肩肉，抹上鹽、胡椒後，捲成一塊 (請肉店代為處理掉骨頭和筋，順便買一些小肉塊做烤汁使用)。

2 肉塊捲起後用棉線捆綁，以免散開。然後，再抹一次鹽、胡椒。

3 用刀尖戳幾個洞，再將縱切成4片的大蒜一片片地從切口嵌進肉裡 (小羊肉和大蒜這樣的組合很對法國人的味口)。

4 平底鍋內放些油加熱，煎到肩肉的整個表面都變成褐色，再移到放了圓網架的托盤上瀝油。

5 將小肉塊放進平底鍋內炒至呈褐色，再放入調味用辛香蔬菜 (紅蘿蔔、洋蔥、芹菜)炒一下。若是無法將平底鍋直接放入家用烤箱內，就把鍋內的東西換裝到鐵烤盤上。

6 將4也放到鍋內，在上面塗上奶油，並放入百里香、月桂葉，用烤箱以180℃烤30～35分鐘。烤到一半時要記得翻面，等烤到5分熟後，再放到方盤上，放置在溫暖的地方休息約20分鐘。

7 辛香蔬菜和小肉塊放到濾網上，將油瀝乾後，回鍋倒入白酒稀釋鍋底的烤汁。

8 白酒燒乾後，再倒入小牛褐色高湯稀釋烤汁，繼續熬煮，過程中小羊烤汁便被提煉出來。

9 趁熱將烤汁過濾，放著備用。

10 製作裝飾配菜。將石蕈洗淨並瀝乾水份。平底鍋內放油加熱，石蕈放進去炒過後，將油瀝乾。

11 要吃之前，再用奶油炒，加入紅蔥頭炒過後，最後再加入切碎的巴西里。

12 加入鹽、胡椒調味後，用小羊烤汁快炒一下。除去綁小羊肩肉的棉線，切成薄片裝在盤中，周圍用裝飾配菜裝飾。，剩餘的烤汁裝在其他容器裡，一起擺上桌。

SOUFFLÉ AU JAMBON FROMAGE
火腿乳酪舒芙雷

GOUJONNETTES DE SOLE, SAUCE TARTARE

香魚式炸鰨魚魚柳佐韃靼醬

SOUFFLÉ AU JAMBON FROMAGE
火腿乳酪舒芙雷

電影「龍鳳配」中，女主角曾經做失敗的舒芙雷分別有作為料理和點心用的兩種，而無論是哪一種，都被列為是莎賓娜課程中缺一不可的美味佳餚。

Les ingrédients
pour
4 personnes
4人份

〈250 cc舒芙雷模2個的份量〉
貝夏美醬 (Sauce Bechamel)：
奶油　　30g
麵粉　　30g
牛奶　　180cc

蛋黃　　1個
蛋白　　150g
格律耶爾乳酪 (Gruyère)
(磨碎)　50g
火腿　　100g
鹽、胡椒　各適量
肉豆蔻粉　適量
奶油 (用於舒芙雷模)　30g
格律耶爾乳酪 (Gruyère)
(裝飾用)　50g

1 鍋內放入奶油融化，再將麵粉放進去炒，記得不要炒焦了。作成白色麵糊(roux blanc)後，放著讓它冷卻。

2 將牛奶煮沸後，一點點倒進已變冷的麵糊裡，並不停用攪拌器攪拌。

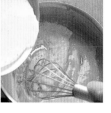

3 將鹽、胡椒和肉豆蔻粉加入**2**裡調味。

4 邊加熱邊攪拌約15分鐘，記得不要焦掉，製作粘稠的貝夏美醬(這裡的作法是為了要作成舒芙雷的，所以作好的調味醬粘稠度會比較高)。

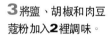

5 將磨碎的格律耶爾乳酪和蛋黃加入**4**裡，混合均勻。

6 從爐火移開後，就把切碎的火腿加進去混合，移到攪拌盆裡待涼。

7 在250 cc容量的舒芙雷模裡塗上奶油，放進冰箱裡冰。將蛋白放入另一個攪拌盆裡，加入一小撮的鹽，充分打發。

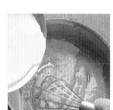

8 將**7**的打發蛋白加一點到**6**裡，用攪拌器充分混合。

9 再將剩餘的打發蛋白全加到**6**裡，儘量小心不要破壞蛋白泡沫，用橡皮刮刀像切東西般地輕輕地混合。

10 混和好後，立刻倒進冰涼的舒芙雷模裡，裝到滿，表面用抹刀抹平。

11 用姆指沿著周邊作出一圈的圓溝，讓舒芙雷看起來像直立起的樣子。

12 擺上切成菱形的格律耶爾乳酪和火腿作為裝飾，放進烤箱以170℃烤約30分鐘。

GOUJONNETTES DE SOLE, SAUCE TARTARE
香魚式炸鰨魚魚柳佐韃靼醬

「*GOUJONNETTE*」是類似香魚的一種法國小銀魚。這道菜刻意將食材切成類似的細長條狀，再炸得香脆，是一道不可多得的佳餚。

Les ingrédients pour
4 personnes
4 人份

鰨魚 (450g)　3條
牛奶　200cc
麵粉　100g
全蛋　2個
沙拉油　少許
麵包粉　100g
黃檸檬　1個
巴西里　100g
鹽　適量
油　1公升

醬汁：
美奶滋醬 (參考第32頁)　250g
酸豆 (câpre) (切碎)　60g
酸黃瓜 (切碎)　60g
洋蔥 (切碎)　60g
香葉芹 (切碎)　1/2束
巴西里 (切碎)　3大匙
水煮蛋 (切碎)　2個

commentaires(注釋):
■炸這道「小香魚」的時候，不一定要像平常那樣在表面沾麵粉、蛋、麵包粉，也可以先浸到牛奶裡，再撒上麵粉來炸。

1 處理鰨魚 (參考第37頁) 再切成寬跟厚約3~4mm，長約4~5cm的細長條狀。

2 將**1**浸到牛奶裡後，撒上麵粉，再抖掉多餘的麵粉。

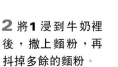

3 蛋打散後，放進一點沙拉油混合。然後，將**2**放入，再用濾網撈起瀝掉多餘的蛋汁。形狀較為細長的素材在油炸前，若想要將蛋汁沾在表面上，這樣的作法是最迅速而有效的了。

4 將乾燥過的法國麵包放入果汁機裡攪，就可以作出自製的麵包粉了。然後，用它撒滿鰨魚的表面。

5 將沾了麵包粉的鰨魚滾一滾，搓揉成「小香魚」的形狀。

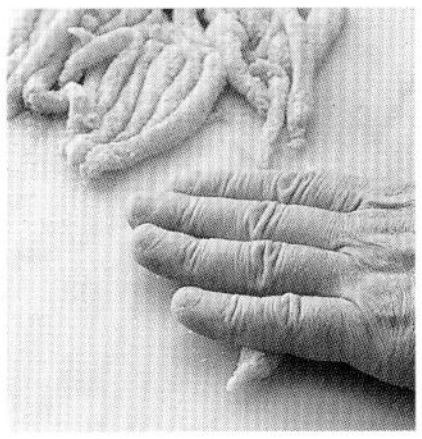

6 油熱到180℃左右後，將鰨魚放進去炸到變成褐色。

7 炸好後立刻撒上鹽，放在溫暖的地方。巴西里只取葉片的部分，洗淨後瀝乾，再放進**6**的熱油裡炸一下，記得保持葉片的鮮綠，撈起後撒上鹽。

8 製作醬汁。先作美乃滋醬，再將所有的製作材料切碎，放進去混合。

9 混合好後，風味絕佳的韃靼醬就大功告成了。摺好餐巾放在盤上，將炸好的「小香魚」放在餐巾裡，用巴西里和黃檸檬作裝飾。將韃靼醬裝入其他的器皿一起上桌。

MOULES FARCIES À LA BOURGUIGNONNE
勃艮第式貽貝鑲肉

PAUPIETTES DE VEAU AUX CAROTTES

小牛肉捲配紅蘿蔔

MOULES FARCIES À LA BOURGUIGNONNE
勃艮第式貽貝鑲肉

材料豐盛的法式蝸牛奶油 *(beurre d'escargots)* 的製作方法，是這道菜好吃的一大關鍵。也可使用文蛤等其他的材料來作，是一道可以品嘗道地口味的法國菜。

Les ingrédients
pour
4 personnes
4人份

貽貝(淡菜)
(挑選較大的) 32個
紅蔥頭(切碎) 3個
奶油、白酒 各適量

法式蝸牛奶油
(beurre d'escargots)：
奶油 300g
巴西里(切碎) 150g
大蒜(切碎) 60g
紅蔥頭(切碎) 60g
杏仁粉 30g
榛果粉(核桃磨成粉亦可) 30g
黃檸檬汁 1/2個的份量
白蘭地酒 3大匙
鹽、胡椒 各適量

commentaires(注釋)：
■若是沒有榛果粉或核桃粉，也可省略不用。另外，製作餡料時，還有一種更簡便的方法，就是將所有的材料一起放進果汁機裡打就行了。

1 將奶油放置在常溫下幾分鐘變軟後，加入切碎的巴西里、大蒜、紅蔥，以及杏仁粉、榛果粉(或核桃粉)。

2 再加入黃檸檬汁和白蘭地酒，用鹽、胡椒調味後，用木杓拌合。

3 拌勻後，用保鮮膜包成筒狀，放進冰箱冷藏。

4 使用平底鍋，將切碎的紅蔥用奶油炒過後，加入貽貝稍微炒一下，再倒入白酒，蓋上鍋蓋，燜煮幾分鐘。

5 待貽貝張開後，即表示熟了。用濾網將貽貝和煮汁分離，煮汁置旁備用，挑掉沒有肉的貽貝殼，然後，將剩下貝肉還附著著的也從殼上取下備用。

6 將**3**的法式蝸牛奶油墊一點在貝殼裡，再擺上貝肉。

7 貝肉上再放一些**3**的法式蝸牛奶油，然後，放進冰箱冷藏讓它凝固。

8 從冰箱取出，排列在裝法式蝸牛專用烤盤上，或撒上了粗鹽的烤盤上，放進烤箱，烤到表面變成漂亮的黃褐色。

續第49頁　紅蘿蔔配菜：

1 將紅蘿蔔切成厚約5mm的圓切片。鍋內抹上奶油後，放入紅蘿蔔、鹽、砂糖，注入水到蓋滿紅蘿蔔為止，然後用塗了奶油的烤盤紙當做蓋子，蓋上去。

2 點火加熱，熬煮到湯汁煮沸，蒸發，被砂糖和奶油煮到變得濃稠，而且紅蘿蔔的表面出現光澤為止。要常常轉動一下鍋子，以免紅蘿蔔煮焦沾鍋了。

PAUPIETTES DE VEAU AUX CAROTTES
小牛肉捲配紅蘿蔔

這道菜使用切成薄片的小牛肉來包餡，並利用熬煮過湯汁來做為醬汁，不需再另外加入其它素材來勾芡，充分運用是法國料理的特色之一。

Les ingrédients
pour
4 personnes
4 人份

小牛肉薄片 (厚約 1 cm的薄切片。120 g)　4 片
豬絞肉　250 g
奶油　100 g
油　100 cc
麵粉　適量
濃縮蕃茄醬　1 大匙
熟食用蕃茄切丁　2 個
調味辛香草束 (bouquet garni)　1 束
白酒　100 cc
小牛褐色高湯　300 cc
鹽、胡椒　各適量

小骰子狀蔬菜 (brunoise，切成邊長 2 mm骰子狀的蔬菜)：
紅蘿蔔　60 g
洋蔥　60 g
芹菜　60 g
大蒜　20 g

奶油炒蘑菇 (duxelles)：
蘑菇　100 g
紅蔥頭 (切碎)　2 個
大蒜 (切碎)　2 瓣
巴西里 (切碎)　2 大匙

紅蘿蔔配菜：
紅蘿蔔　400 g
砂糖　1 撮
鹽　適量
奶油　60 g

commentaires (注釋)：
■以切碎的蘑菇和紅蔥頭用奶油炒過來製作的奶油炒蘑菇 (duxelles)，常被用來做填充用的內餡。
■用來做配菜的紅蘿蔔切成小塊一點的圓片比較好，所以要使用紅蘿蔔較細的部分，較粗的部分就用來切成 2 mm立方的小骰子狀蔬菜。另外，熬煮的時候若是加太多水，就容易煮過頭，所以在熬煮的時候，要去確認是否已煮熟了，若是還沒好，再斟酌加些水進去。

1 小牛肉薄片用保鮮膜包起來，再用肉槌或大菜刀敲薄拉大 (變成約 3 mm厚的薄片)。

2 蘑菇切碎，淋上檸檬汁，加入紅蔥頭、大蒜一起用奶油炒，用鹽、胡椒調味後，再加入切碎的巴西里。

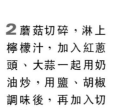

3 待 **2** 散熱後，放入豬絞肉、鹽、胡椒，拌勻。

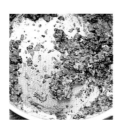

4 **1** 的小牛肉片上面抹了鹽、胡椒，再舀滿滿的一湯匙的 **3** 料，放在肉片上。

5 從上下左右四邊用肉將料不外漏地包起來。

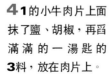

6 用棉線綁住，抹上鹽、胡椒。

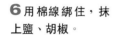

7 先在 **6** 的表面撒上麵粉，再抖掉多餘的麵粉。

8 鍋內放油和奶油加熱後，放進去煎至每個面都呈褐色，再移到托盤去瀝油。

9 奶油放進平底鍋內加熱融化後，放小骰子狀蔬菜進去炒。

10 加濃縮蕃茄醬進去炒過後 (先略去酸味)，放入熟食用蕃茄切丁和調味辛香草束。再將 **8** 的小牛肉捲放進去，倒入白酒稀釋湯汁。

11 熬煮到湯汁蒸乾，快要煮焦的時候，就將小牛高湯倒進去，加入鹽、胡椒調味，蓋上鍋蓋，用烤箱以 180℃再熬約 20分鐘。

12 撈出小牛肉捲和調味辛香草束，繼續熬煮湯汁到味道變得恰到好處。小牛肉捲的棉線拆掉後，裝在盤裡，四周用表面已熬煮出光澤的紅蘿蔔來作裝飾，將醬汁淋在肉捲上。

49

PISSALADIÈRE

披薩拉帝耶

POULET RÔTI, GRATIN DAUPHINOIS

烤雞配多菲內焗烤奶汁洋芋

PISSALADIÈRE
披薩拉帝耶

這是一種使用發酵過的麵糰作出像披薩般的樣子,在南法(尼斯)一帶深受喜愛。充分散發出洋蔥的甜味,
也很適合用來作為點心。

Les ingrédients
pour
4 personnes
4人份

發酵麵糰(用於披薩拉帝耶,
第102頁量的一半) 300g
洋蔥(切成薄片) 500g
奶油 60g
醃漬鯷魚罐頭 1罐
黑橄欖 15個
鹽、胡椒 各適量
橄欖油 適量

1 參考第102頁製作發酵麵糰備用。利用第一次發酵的空檔,將洋蔥的薄片用奶油慢炒過,再加入鹽、胡椒。

2 炒到變成褐色,縮成一半的量(約炒20分鐘),就放著讓它變涼。

3 工作台上撒些麵粉,將發酵麵糰擀成厚度約5mm的麵皮。

4 用圓切模(**vol-au-vent**)(或是鍋蓋等器具)切割出直徑約18cm大小的圓。

5 邊緣用刀子劃出花邊。

6 在**5**的麵皮上,除邊緣部分之外,擺上**2**的洋蔥。

7 用對半縱切過的鯷魚裝飾成格子狀,每一格裡擺上1顆黑橄欖作為裝飾。

8 倒一點橄欖油在塔皮的整個表面上,用烤箱以180℃加熱約30分鐘。烤好後,放著讓它自然冷卻,在微溫的狀態下享用。

POULET RÔTI, GRATIN DAUPHINOIS
烤雞配多菲內焗烤奶汁洋芋

烤雞也是使用烤箱的典型料理之一。趁機學習一下如何處理一整隻雞吧！再配上一道作法簡單而美味的焗烤奶汁洋芋。

Les ingrédients
pour
4 personnes
4 人份

嫩雞 (1.5kg)　1隻
鹽、胡椒　各適量
百里香、月桂葉　各適量
大蒜　2瓣
洋蔥　100g
紅蘿蔔　100g
芹菜　1枝
奶油　60g
油　50cc
西洋菜 (cresson)　1束

多菲內焗烤奶汁洋芋：
馬鈴薯　750g
大蒜　4瓣
奶油　100g
牛奶　1公升
鮮奶油　500cc
鹽、胡椒　各適量
格律耶爾乳酪 (Gruyère)　200g

commentaires（注釋）：
■烤雞的時候，要先從雞胸(肉較厚，較慢烤熟)的部分先開始烤，再依序換邊烤，也就是雞胸向下進烤箱，兩面輪完之後再輪到雞背的部分。

1 在雞的內側抹上鹽、胡椒，放進百里香、月桂葉、大蒜，外側也抹上鹽、胡椒，用棉線綁起來（棉線的綁法請參考第97頁）。

2 洋蔥、紅蘿蔔、芹菜切成調味用辛香蔬菜，炒過後，裝在烤盤或可直接裝進烤箱的湯鍋裡。將雞橫擺在上面，均勻撒上百里香、月桂葉。

3 在雞朝上的那一面塗抹奶油，放進已預熱180℃的烤箱內。15分鐘後拿出烤箱，將整隻雞翻面，讓另一隻雞腿那面朝上，放回烤箱。

4 再烤15分鐘後，將雞背的那一面翻過來朝下，切斷綁著雞腿的棉線，放回烤箱烤15分鐘。烤好後，將整隻雞放在鋪圓網網的托盤上瀝油，靜置15分鐘。

5 瀝掉烤盤上的油脂，將蔬菜放回盤裡，再炒到更上色後，倒入冷水或褐色高湯，或白酒＋冷水，或白酒＋褐色高湯，將烤汁稀釋(參考第12頁)。

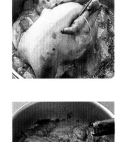

6 熬煮20分鐘後過濾一次，再加熱烤汁，仔細地撈掉浮沫後調味。除去綁雞的棉線，和西洋菜一起裝到盤中，烤汁裝到其他的容器裡，一起擺上桌。

7 製作多菲內焗烤奶汁洋芋。馬鈴薯去皮，削成圓筒狀後，切成厚約3~4mm的薄片。不要浸到水裡。

8 用大蒜來擦鍋內，並塗上奶油。

9 將**7**的馬鈴薯、牛奶、鮮奶油、鹽、胡椒放進鍋內，用小火加熱。

10 馬鈴薯煮熟後取出，排列在塗抹了奶油的焗模（或較深的盤子)裡。

11 過濾煮馬鈴薯的湯汁(牛奶和鮮奶油)，澆在**10**的上面。

12 撒上磨碎的格律耶爾乳酪，放在注入熱水的烤盤上，用烤箱以180℃隔水加熱，烤到表面變成焦褐色。

POTAGE JULIENNE D'ARBLAY

阿訶貝雷式細絲蔬菜湯

SUPRÊME DE BARBUE DUGLÉRÉ

杜格雷黑式蒸菱鮃魚菲力

POTAGE JULIENNE D'ARBLAY
阿訶貝雷式細絲蔬菜湯

這道湯在最基本的蔬菜湯裡加上切成細絲的蔬菜，色彩繽紛又優雅，是一道很美的湯。

Les ingrédients
pour
6 *personnes*
6人份

馬鈴薯	400g
洋蔥	1個
韭蔥	和洋蔥同份量
奶油	50g
鹽	適量
調味辛香草束 (bouquet garni)	
	1束
雞高湯	1.5公升
鮮奶油	150cc

裝飾配菜：

紅蘿蔔	50g
韭蔥 (蔥白的部分)	50g
蕪菁 (或白蘿蔔)	50g
奶油	適量
鹽	1小撮
香葉芹	1/2束

commentaires（注釋）：
■步驟**7**若沒有加入裝飾配菜的蔬菜，就稱之為「馬鈴薯濃湯」(potage parmentier)。這種湯冰過之後就成了維奇湯（法文 vichyssoise）。

1 洋蔥和韭蔥切成絲，用奶油和鹽炒到變軟，切記不要炒焦了。

2 馬鈴薯去皮，切成厚片，放進去再一起炒。

3 炒好後，倒進雞高湯，放入調味辛香草束。

4 邊撈掉浮沫，慢煮約30分鐘。

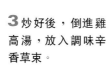

5 將**4**倒入果汁機裡打，或直接用手持食物攪拌器 (mixeur)將湯料打碎。

6 加熱**5**，煮到沸騰後，加入鮮奶油。

7 再加熱，用細孔圓濾網快速濾掉浮沫。

8 製作裝飾配菜。紅蘿蔔、韭蔥、蕪菁切成細絲。蕪菁要先橫切成薄片後，再切成細絲。

9 在鍋內融化奶油，放進去炒，切記不要炒焦了。

10 加入1撮鹽和極少量的水，蓋上鍋蓋，用小火蒸煮。

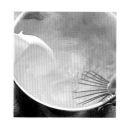

11 將**10**加入**7**的湯裡後，熱一下。倒入湯盤裡，再用香葉芹裝飾。

SUPRÊME DE BARBUE DUGLÉRÉ
杜格雷黑式蒸菱鮃魚菲力

這一道為蒸菱鮃，配上用魚的湯汁作成的蕃茄醬汁的佳餚，清淡可口。

Les ingrédients

pour

4 personnes

4 人份

菱鮃　600 g
蕃茄　500 g
洋蔥 (切碎)　1/2 個
紅蔥頭 (切碎)　3 個
白酒　100 cc
魚高湯　500 cc
濃縮蕃茄醬　1 大匙
奶油　150 g
鹽、胡椒　各適量
巴西里 (切碎)　適量

commentaires (注釋)：
■ 如果沒有魚高湯可用，可以使用魚煮過後的湯汁，也就是使用在家中用白酒和水去蒸煮魚得到的湯汁即可。
■ 製作醬汁的時候，奶油如果煮沸了，就會油水分離，所以，要特別留意，調節爐火的大小。

1 蕃茄用滾水燙過後過冷水，剝皮、去籽並切碎。將其他香料蔬菜也全部切碎，菱鮃魚肉切成適當的大小。

2 在方盤或烤盤內塗上奶油，將切碎的蕃茄、洋蔥、紅蔥和菱鮃魚肉放進去，加入鹽、胡椒，並倒入白酒和魚高湯。

3 將已塗抹奶油的蠟紙蓋上去，加熱到沸騰，入烤箱以 160℃ 加熱 8 分鐘。

4 將菱鮃魚肉取出，用溼毛巾蓋上，以免乾掉，並放置在溫暖的地方備用。

5 湯汁移到鍋裡，加入濃縮蕃茄醬，熬煮到快要燒焦之前為止。

6 加入奶油，用手持食物攪拌器 (mixeur) 攪拌成奶油狀。食用前，再加上切碎的巴西里。將 **4** 盛到盤裡，淋上這種醬汁，覆蓋整個湯面。

SALADE D'ISAKI AUX PLEUROTES
ISAKI魚配蠔菇沙拉

MIGNON DE PORC ARDENNAISE
阿訶戎式啤酒燒豬小里肌肉

SALADE D'ISAKI AUX PLEUROTTES
ISAKI魚配蠔菇沙拉

煎ISAKI魚配上蘑菇和蔬菜，用醋醬拌，就成了一道很豐盛的沙拉。

Les ingrédients
pour
4 personnes
4人份

ISAKI魚　2條
蠔菇　300g
紅蔥頭 (切碎)　2個
巴西里 (切碎)　適量
紅蘿蔔　60g
根芹 (céleri-rave)
(或一般的芹菜)　60g
四季豆　60g
蕪菁 (或白蘿蔔)　60g
橄欖油　適量
奶油　50g
鹽、胡椒　各適量
黃檸檬汁　少許
沙拉菜 (萵苣)　1顆
香葉芹　1/2束

油醋：
橄欖油　200cc
雪利白酒醋 (vinaigre d'xérès)
　60cc
芥末 (法國第戎 (Dijon) 產)
　1大匙
鹽、胡椒　各適量

根芹。因為是進口的，很難買得到，所以附上照片以供參考。切的時候，先切成4塊，再削皮。先切成圓片，再切成棒狀，形狀就會一致了。

1 刮掉魚鱗後，先把頭切掉。
ISAKI魚橫切片處理。刮掉魚鱗後，先把頭切掉。ISAKI魚切成3個部份 (即取雙面各一塊魚菲力，加上中間的一塊魚骨，總共有3個部份)。

2 切開魚腹，取出內臟。

3 先將魚尾切掉，方便取魚菲力。

4 從魚背切入，刀順著魚骨往下取第一片菲力。

5 翻面，改從魚腹切入，刀順著魚骨往下取第二片菲力。

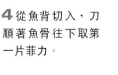

6 將魚肚部份修整後，用除刺器將魚刺拔掉，再用刀在魚皮上劃上斜紋格。

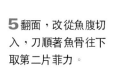

7 將紅蘿蔔、根芹、四季豆、蕪菁切成棒狀，個別水煮 (只有根芹在水煮的時候要加少許黃檸檬汁進去防止變黑)，煮熟後，放進冰水裡過涼。然後，將水瀝乾。

8 蠔菇用橄欖油和奶油炒過後，加切碎的紅蔥頭一起炒，再加入鹽、胡椒、切碎的巴西里。

9 製作油醋。將鹽、胡椒、芥末、雪利白酒醋放進容器裡混合後，一點點加入橄欖油，並用攪拌器攪拌均勻。

10 在鐵弗龍平底鍋內放入少許橄欖油加熱，將ISAKI魚片帶皮的那面朝下壓著，才能整面烤出均勻的黃褐色。用小火慢煎到魚皮變脆。

11 將沙拉菜洗淨，水分瀝乾後，鋪在盤子上，再鋪上用**9**調味過的**7**。然後，將ISAKI魚片皮朝上地擺上去，再放**8**上去，用油醋淋滿整個盤內。最後，再用香葉芹裝飾。

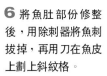

MIGNON DE PORC ARLONNAISE
阿訶戎式啤酒燒豬小里肌肉

常用啤酒來烹調食物的阿訶戎地方所醞釀出來的醬汁，融和了甜味、酸味和啤酒的苦味，是這種醬汁的一大特徵。

Les ingrédients
pour
4 personnes
4 人份

豬小里肌肉　500g
油　60cc
奶油　100g (醬汁用30~40g)
砂糖　30g
紅酒醋　60cc
啤酒 (可用荷蘭啤酒代替)　100cc
小牛褐色濃高湯　300cc
鹽、胡椒　各適量

田園式蔬菜 (jardinière)：
紅蘿蔔
芹菜
韭蔥 ── 共400g
蕪菁
蘑菇
奶油　適量
鹽、黃檸檬汁　各少許

commentaires (注釋)：
■「奶油麵糊（法文beurre manie）」是指用同份量的麵粉和奶油混合而成的生麵糊，不同於白色麵糊 (roux blanc) 是炒過的熟麵糊。

1 豬小里肌肉除去多餘的肥肉和筋，整理好形狀，切除的部分留著製作醬汁的時候用。

2 將**1**抹上鹽、胡椒，放入已加了油加熱的鍋裡，不時地用杓子將油舀起，澆到肉上面避免肉乾掉，煎至表面呈黃褐色。再放入烤箱中，用160℃烤約10分鐘後，移到托盤裡瀝油。

3 為避免肉變乾，在放入烤箱前，和從烤箱取出後，都要淋上油。豬肉一般都是烤到全熟。

4 煮田園式蔬菜。將紅蘿蔔、芹菜、韭蔥放進塗上了奶油的鍋裡，加入鹽和少量的水，用塗了奶油的蠟紙蓋在鍋內，以小火加熱。

5 等到韭蔥、芹菜煮到透明時，再將蕪菁放進去。

6 蘑菇放進另一小鍋子裡，加入少許的黃檸檬汁、水、奶油、鹽，一起煮到沸騰。

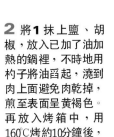

7 將**6**放進**5**裡混合。

8 製作醬汁。湯鍋內放入奶油加熱融化，將**1**切除的小肉塊放進去炒過後取出瀝油，再放回鍋內。最後加入砂糖並加熱至砂糖融化，變成焦糖色。

9 倒入紅酒醋稀釋，並倒入啤酒，繼續熬煮到水份濃縮成一半。

10 加入小牛褐色濃高湯（高湯熬煮過後，再用太白粉或奶油麵糊增加濃稠度而製成的濃高湯），將火調到保持在煮的時候表面會震動的程度，約熬煮20分鐘。

11 調味後迅速過濾，離火再加入奶油，混合成乳狀。切記一旦加入奶油，就千萬不要再煮沸！

12 **7**的田園式蔬菜用奶油和1大匙的水熱過後，加入鹽、胡椒，再盛到盤裡。**3**的豬小里肌肉切成厚約2~3cm的圓切片，擺在蔬菜上，再淋上醬汁。

QUICHE LORRAINE
洛林法式鹹蛋塔

DARNES DE SAUMON GRILLÉES, SAUCE CHORON

網烤鮭魚佐修闘醬

QUICHE LORRAINE
洛林法式鹹蛋塔

洛林地方口味的法式鹹蛋塔,特徵是在裡面放了培根。它還適合用來當作簡便的午餐吃,
是一種鹹口味的塔而且在法國當地非常地受歡迎。

Les ingrédients
pour
4 *personnes*
4 人份

基本酥麵糰 (PÂTE BRISÉE)
　　250g
培根　100g

料糊 (appareil):
蛋　3個
鮮奶油　200cc
格律耶爾乳酪 (Gruyère)
(磨碎)　50g
鹽、胡椒　各適量
肉豆蔻粉　少許

1 參考第*100*頁「基本酥麵糰(PÂTE BRISÉE)」的作法,製作麵糰。揉和過的麵糰放入冰箱冷藏約20分鐘,再用擀麵棍擀開成厚約**3mm**的麵皮。

2 套入直徑18cm大小的塔模內。

3 套進去的時候,要讓麵皮露出一點在邊緣外,並用手指壓緊麵糰和塔模。

4 在塔模上滾動擀麵棍,將多餘的麵皮切掉。

5 在邊緣的地方作花紋來裝飾。

6 底部用叉子打通氣孔後,放入冰箱冷藏約15分鐘。

7 在**6**的上面鋪上一層烤盤紙(或鋁箔紙),上面放置鎮石(金屬,小石頭,或大豆等),用180℃的烤箱烤約20分鐘。烤好後,立刻將烤盤紙(或鋁箔紙)連同鎮石一起從塔皮的上面移開。

8 製作料糊。將蛋打入容器中,加入鹽、胡椒和磨成粉的肉豆蔻粉,充分攪拌混和。

9 加入鮮奶油和格律耶爾乳酪。

10 培根切成小長方塊,放入平底鍋內,炒至表面呈漂亮的褐色後,將油瀝乾。

11 將**10**的培根均勻鋪在**7**的底部,再倒入**9**的料糊,烤箱以180℃烤約25分鐘。烤好後,要立刻脫模,在微溫的狀態下享用。

DARNES DE SAUMON GRILLÉES, SAUCE CHORON
網烤鮭魚佐修鬪醬

簡單的網烤鮭魚，配上用澄清奶油來作的醬汁，順便將澄清奶油的作法也記起來吧！

Les ingrédients

pour

4 personnes

4 人份

鮭魚橫切片 (180 g)　4 片

鹽、胡椒　各適量

油　適量

修鬪醬 (sauce Choron)：

蛋黃　2 個

紅蔥頭 (切碎)　2 個

香葉芹　1 束

龍蒿 (estragon)　1 束

白酒醋　100 cc

碎胡椒 (poivre mignonnette)

　1 小撮

澄清奶油　250 g

生食用蕃茄切丁　2 大匙

鹽、胡椒　各適量

裝飾配菜：

馬鈴薯　適量

巴西里　各適量

裝飾用黃檸檬　適量

commentaires（注釋）：

■澄清奶油因為不含雜質，所以不易燒焦，一次做多一點，日後要用的時候就很方便了。因為量少不好做，最低限度也要做到這個程度的量，用剩的讓它凝固後，用保鮮膜包起來，放著備用。

1 製作澄清奶油。將 500～600 g 的奶油放進鍋內，隔水加溫融化。

2 將浮出表面的泡沫撈掉，讓它自然冷卻。

3 冷卻後，就會分離成上層純淬的奶油，和沉澱在下層的雜質。

4 丟掉雜質的部分，留下淬取的奶油。澄清奶油若是融化成液態，就會透明地像油一樣。

5 將紅蔥頭、香葉芹的莖、一半的龍蒿、碎胡椒、白酒醋放進鍋裡加熱，熬煮到快要燒乾就離火。

6 將 **5** 移到攪拌盆內，加入蛋黃和 2 大匙的水，隔水加熱，並用攪拌器攪拌到變得濃稠。因為蛋黃在溫度達 65℃ 的時候會開始凝固，所以，在溫度過高時，請停止隔水加熱。

7 慢慢倒入澄清奶油，並不斷用攪拌器攪拌到變成奶油狀。

8 用細濾網過濾後，將生食用蕃茄切丁、剩餘的龍蒿切碎，一起加入攪拌盆裡，再用鹽、胡椒調味。做好的修鬪醬放在溫暖的地方，保持在 35～40℃ 的狀態。

9 先用牙籤將鮭魚肉塊固定住，再抹上鹽、胡椒，淋上油。

10 放在已變成高溫的鐵架上，將兩面都烤出褐色的格子紋，再放入烤箱烤約 5 分鐘。

11 去掉 **10** 的魚皮和魚骨，裝入盤內，再配上巴西里、裝飾用黃檸檬、水煮馬鈴薯。修鬪醬則裝入另一器皿裡，一起上桌。

MARINIÈRE DE PALOURDES AU SAFR

番紅花風味蔥燒綴錦蛤

BŒUF BOURGUIGNON
勃艮第式紅酒燉牛肉

MARINIÈRE DE PALOURDES AU SAFRAN
番紅花風味蔥燒綴錦蛤

這是一道搭配番紅花風味醬汁、色彩艷麗的海鮮佳餚。光是綴錦蛤所帶來大海的鮮味，就很令人回味無窮了。

Les ingrédients

pour

4 personnes

4人份

綴錦蛤 (palourdes)　1.5 kg
紅蔥頭 (切碎)　3個
韭蔥 (蔥白的部分)　100 g
茴香 (fenouil)　1個
青椒　1個
紅色甜椒　1個
蘑菇 (大)　4個
蕃茄　2個
白酒　300 cc
鮮奶油　300 cc
奶油　60 g
黃檸檬汁　少許
番紅花粉　1小撮半
鹽、胡椒　各少許
巴西里 (切碎)　少許
新鮮的百里香束　適量

commentaires (注釋)：
■千萬不要再加鹽了！綴錦蛤的鹹味會散發到湯裡面，熬煮過後，如果還覺得不夠鹹，再加些鹽來調味。

1 綴錦蛤浸到水裡吐沙，同時去掉鹽分。切碎的紅蔥頭用奶油炒，記得不要炒焦了。

2 將綴錦蛤放到炒紅蔥頭的鍋裡一起炒 (將水分蒸乾)。

3 加入白酒和200cc的水，蓋上鍋蓋蒸煮幾分鐘。

4 綴錦蛤開口後，用濾網撈起，先把湯倒入另一容器內，將留在鍋底的沙倒掉後，再把湯倒回鍋內，加入番紅花粉，撒上胡椒。

5 將**4**的湯汁熬煮到剩下一半的量，加入鮮奶油，繼續煮至呈濃稠狀。

6 除了蘑菇，將所有蔬菜切成2 mm立方的骰子狀，用奶油炒，記得不要炒焦。依序放入韭蔥、茴香、青椒和紅甜椒一起炒。蕃茄留著生食。

7 蘑菇切成薄片，放進小鍋內，用奶油、鹽、水、黃檸檬汁一起煮。

8 綴錦蛤去殼，和**6**、**7**的蔬菜一起熱過後，加入留作裝飾用的蕃茄。

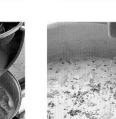

9 從**8**的上方將**5**過濾並澆入，用小火熱幾分鐘。

10 撒入切碎的巴西里，裝入盤中，放上切碎的蕃茄，再用新鮮的百里香束裝飾。

BŒUF BOURGUIGNON
勃艮第式紅酒燉牛肉

本道菜是利用熬煮的方式搭配著也燒成褐色的配菜，加上心形的油炸吐司片，充滿了勃艮第式風格。

Les ingrédients
pour
4 personnes
4 人份

牛肩肉　700 g
紅酒　1瓶
洋蔥　1個
紅蘿蔔　1條
芹菜　1枝
韭蔥 (蔥青的部分)　1枝
蕃茄　2個
調味辛香草束 (bouquet garni)
　　1束
白胡椒粒　1小撮
橄欖油　3大匙
濃縮蕃茄醬　2大匙
麵粉　2大匙
小牛褐色高湯　600 cc
鹽、胡椒　各適量
油　適量

裝飾配菜：
培根　200 g
小洋蔥　20個
蘑菇　250 g
吐司　3片
奶油　100 g
巴西里 (切碎)　適量
油　適量
鹽、砂糖　各適量

finition (最後裝飾)：
■肉裝到盤中，由上邊過濾，邊倒進去，再將熱過的裝飾配菜也裝到盤中。然後，撒上切碎的巴西里，最後，用心形的炸麵包片裝飾。

1 牛肩肉切成大塊狀，和切成大小可以熬煮1個小時的調味用辛香蔬菜 (參考第98頁) 一起放入大容器內。

2 加入調味辛香草束、白胡椒粒、紅酒、橄欖油，蓋上保鮮膜，放置24小時。

3 將**2**過濾，肉、蔬菜、紅酒分開放，肉和蔬菜瀝乾。

4 在平底鍋內放一點油加熱，將肉炒過後瀝乾油份。

5 鍋內放少許油加熱，將**3**的蔬菜放進去炒。

6 加入肉和濃縮蕃茄醬充分混合後，加入麵粉，透過加熱炒熟麵粉而不會有生粉的味道。

7 將**3**的紅酒煮沸後，邊過濾，邊倒入**6**並充分混合。再加入小牛褐色高湯、調味辛香草束，用鹽、胡椒調味，煮到沸騰後，蓋上鍋蓋，烤箱以200℃繼續再煮約1個半小時。

8 製作褐色裝飾配菜。培根切成小長方形，放進平底鍋內炒至表面呈漂亮的褐色。蘑菇對半縱切，用少許的奶油炒。

9 將小洋蔥炒成焦糖色。將小洋蔥、鹽、砂糖、奶油放進鍋裡，倒入剛好可以淹沒小洋蔥高度的水，用大火煮到水分蒸乾。

10 一邊加熱一邊搖動鍋子，讓砂糖和奶油可以沾在洋蔥上，變成焦糖的顏色。若是水分快乾但小洋蔥還沒有熟，就再加些水進去，繼續熬煮。

11 將吐司切成心形。平底鍋內放入大量的油和奶油 (有澄清奶油更好) 加熱，將心形吐司炸成漂亮的褐色，做成油炸吐司。

12 肉若是煮熟了，就放到托盤裡，蓋上溼布，放著備用。迅速過濾湯汁撈掉浮沫，並熬煮至濃稠，再過濾到放肉的鍋中，用小火再煮20~30分鐘。

SALADE WALDORF

華道夫式沙拉

FILETS DE CANARD POÊLÉS AUX NAVETS
烤鴨胸配蕪菁

SALADE WALDORF
華道夫式沙拉

這是一道將核桃和蘋果加到切絲的高麗菜裡，有著淡淡甜味的美味沙拉。

Les ingrédients

pour

6 *personnes*

6人份

高麗菜　1個

芹菜　3枝

蘋果　2個

核桃　100g

鹽、胡椒　各適量

美奶滋 (參考第32頁)　300cc

巴西里 (切碎)　適量

紫色萵苣 (sunny lettuce)　適量

1 高麗菜切成很細的絲，用少許的鹽、胡椒整個撒滿後，靜置一會。等高麗菜絲變軟後，放在濾網上，把水分壓出。

2 芹菜去皮後，切成小骰子狀。蘋果削皮，縱切成4塊，去籽，再切成薄片。

3 核桃用菜刀切碎。

4 混合高麗菜、芹菜、蘋果，加鹽、胡椒，再用美奶滋拌。完成**4**的步驟後，若能夠放2個小時之後再吃，會比較入味，變得更加地好吃。

5 切碎的巴西里，預留一些做裝飾用，其餘的和沙拉一起混合。將紫色萵苣鋪在盤上，沙拉擺上去，用核桃和剩餘的巴西里裝飾，趁鮮享用吧！

FILETS DE CANARD POÊLÉS AUX NAVETS
烤鴨胸配蕪菁

鴨肉烤到最好吃的熟度稱之為粉紅色(rose)，因為鴨肉的甜味沒有流失而且色澤美麗口感柔軟，加上香濃的醬汁，
用蕪菁來做配菜，真是完美無暇。

Les ingrédients

pour

4 personnes

4 人份

鴨胸 (約250g)　2片

蕪菁 (或白蘿蔔)　400g

紅蘿蔔　60g

洋蔥　60g

培根　100g

鹽、胡椒　各適量

砂糖　1小撮

奶油　80g

油　80cc

白酒　100cc

小牛褐色高湯　300cc

巴西里 (切碎)　適量

西洋菜 (cresson)(切碎)　適量

1 切除鴨胸多餘的筋和脂肪。

2 在鴨皮上劃出斜紋格。

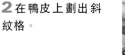

3 參考第98頁的「蔬菜切法」，將紅蘿蔔和洋蔥切成小扇形薄片(paysanne de légumes)，培根切成小方形。蕪菁切成圓片，四周削圓。

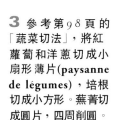

4 平底鍋內放奶油和油加熱，**2**的鴨肉撒上鹽、胡椒，皮朝下地放進鍋內，為避免奶油燒焦，用小火慢慢地烤。

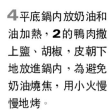

5 翻面，讓另一面再煎一下。合計共約8-10分鐘。鴨胸內還帶血，煎好後若是立刻切開，血就會流出來，所以，要先靜置15分鐘，便會得到我們要的熟度(rose)。

6 繼續用**5**的平底鍋炒切成小扇形的紅蘿蔔、洋蔥，和培根。

7 炒到變軟後，加入蕪菁一起炒，再用白酒稀釋。

8 熬煮到湯汁都快要蒸乾時，加入小牛高湯和砂糖，熬到變得濃稠。日本的蕪菁非常容易煮熟，所以，要特別留意不要煮散了。

9 將巴西里和**5**的鴨肉放到醬汁裡，熱一下。再將肉切片，裝到盤中，錯開攤成扇子狀。將蔬菜從醬汁裡撈出來，擺在肉的周圍，澆上剩餘的醬汁，再用西洋菜裝飾。

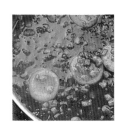

甜點是餐後的一大樂趣。基本上，在吃了不加糖的法國料理後，自然而然地，就會想吃甜的東西。無論吃得再怎麼飽，卻都還是吃得下甜點，真是令人覺得不可思議！法國藍帶廚藝學院的「莎賓娜課程」，除了包含前菜、主菜外、還設計了甜點作為一整套的課程，所以本書更少不了基礎甜點製作技巧的學習。

由於甜點要在餐後才會出現，所以，就必須考量到如何和前菜、主菜搭配在一起。既然是為一餐劃下句點，就要華麗一點，同時，又得單純一點，才不至於讓主菜相形失色，顯得太過草率。在家裡作的點心不同於店裡買的，既可以製作質地較軟，不適合攜帶，又可以享受到剛做好的新鮮美味。在此要為您介紹的，就是容易和各種應用範例搭配在一起，而又可以學習到各式各樣不同作法的點心。

搭配容易的基本餐後甜點 (dessert)

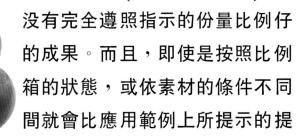

製作點心和作料理不同，若細地去作，就不能得到滿意去做，也有可能因為使用烤而產生誤差，實際做好的時早或變晚。所以，千萬不要放進烤箱之後就不管了，在還沒有拿捏熟悉的情況下，一定要隨時注意觀察烘烤的狀態。前面已出現過的開胃菜「舒芙雷」，也是一道甜點。「龍鳳配」劇中的女主角莎賓娜最初在做這種細膩的點心時也失敗了。若想要做得好，只有一個祕訣，那就是不斷地嘗試，直到做成功。此外，菜餚在盤中的擺法，以及餐桌的整體擺設，都是料理的重要環節。本書中所使用的餐具和背景的餐桌布，絕大多數都是和法國藍帶廚藝學院有合作的知名品牌「*PIERRE DEUX*」所製作的。前一頁中的藍格子花紋咖啡杯組，也被命名為「莎賓娜」，正是代表普羅旺斯地方等地區的法國鄉村式風格的展現。看似華麗，卻又溫和，有著家的味道，和法國料理給人的感覺不謀而合。這樣的選擇，您覺得如何？

沒有完全遵照指示的份量比例仔的成果。而且，即使是按照比例箱的狀態，或依素材的條件不同間就會比應用範例上所提示的提

CRÈME RENVERSÉE AU CARAMEL
焦糖布丁

入口即化的焦糖布丁，淋上用鮮奶油作成的焦糖醬 *(crème au caramel)*，風味絕佳。

Les ingrédients
pour
4 personnes
4人份

〈500cc舒芙雷模1個的份量〉
牛奶　300cc
蛋　2個
蛋黃　2個
砂糖　90g
香草莢　2枝

焦糖：
砂糖　150g
水　50cc

焦糖醬 *(crème au caramel)*：
砂糖　200g
水　100cc
鮮奶油　50cc
黃檸檬汁　1個的份量

commentaires(注釋)：
■即使沒有淋上焦糖醬，也是同樣地好吃。焦糖醬慢慢地熬煮變硬後，就是牛奶糖了 (bonbon au caramel)。

1 製作焦糖。將150g的砂糖和50 cc的水放進鍋內加熱。

2 變成焦糖狀後，將鍋底浸在水中讓焦糖的狀態穩定下來，然後，倒入舒芙雷模底部。

3 牛奶倒入鍋內，加入香草 (香草莢和其香草籽)，一起煮到沸騰後，再放著讓它冷卻。將蛋、蛋黃、砂糖放入攪拌盆裡，用攪拌器打到變成發白。

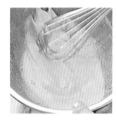

4 過濾冷卻過的牛奶，倒入攪拌盆裡，用攪拌器攪拌均勻。

5 邊過濾，邊將**4**倒進**2**，即底部裝有焦糖的舒芙雷模裡。

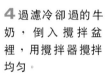

6 將**5**放入鍋內，在鍋內注入舒芙雷模一半高度的熱水，進烤箱以160℃蒸烤約30分鐘。煮熟後，稍微冷卻一下，再趁微溫脫模，裝到盤中，放進冰箱徹底冷藏。

7 製作焦糖醬。將砂糖和水放進鍋內加熱，等到變成焦糖狀時，再加入鮮奶油稀釋，再煮幾分鐘。

8 加入黃檸檬汁，換鍋，讓它自然地冷卻。然後，再倒入醬汁皿 (saucière) 裡，淋在**6**的上面即可。

TARTE AUX POMMES CLASSIQUE
傳統式蘋果塔

塔皮裡填滿糖煮蘋果，再裝飾上新鮮的蘋果薄片，是一道廣受喜愛的傳統點心。

Les ingrédients

pour

6 *personnes*

6 人份

〈直徑21cm塔模的份量〉

甜味酥麵糰　　1份

糖煮蘋果：

蘋果　　3個

奶油　　50g

砂糖　　50g

黃檸檬　　1個

裝飾：

蘋果　　3個

奶油、砂糖　　各適量

杏桃鏡面果膠 (nappage d'abricot)　　適量

commentaires（注釋）：
■日本的蘋果很甜，所以在製作塔的麵糰時，也可以用沒有加糖的基本酥麵糰。加糖的基本酥麵糰因為柔軟而容易散開，放在紙上擀開後，就這樣留在紙上來移動，比較輕鬆。

■杏桃鏡面果膠是杏桃果醬過濾而成的，常用在派等點心的最後修飾上，讓表面展現光澤。

1 參考第*100*頁製作甜味酥麵糰，用擀麵棍儘量擀開，作成厚約3mm的薄麵皮。

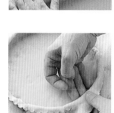

2 將麵皮緊貼在塔模上。

3 切掉多餘的麵皮，邊緣用塔皮剪作裝飾，再放入冰箱冷藏備用。

4 蘋果削皮，去芯，先縱切成八塊，再切成扇形。

5 將**4**用奶油炒過，再加入砂糖、倒入鮮榨的黃檸檬汁，加些水（約50cc)慢慢炒。

6 約炒20~30分鐘至蘋果變軟，呈褐色後，再裝到托盤中，讓它冷卻。

7 在冰過的**3**上面鋪烤盤紙（或鋁箔紙），再放上鎮石（金屬、小石子、大豆等)，用預熱180℃的烤箱烤約15分鐘，再移開鎮石，將**6**放上去。

8 裝飾用的蘋果削皮，去芯，對半縱切，再切成薄片，漂亮地排列在**7**的上面，中央裝飾上中間去芯，呈花形的蘋果片。

9 塗上奶油，撒上砂糖。

10 用烤箱以180℃烤約25~30分鐘，到表面變成黃褐色，如果不想讓塔的邊緣烤得更焦，可以在烤前先覆蓋上鋁箔紙。冷卻後，再塗上杏桃鏡面果膠。

CREMET DE TOURAINE AU COULIS DE FRAMBOISE
都蘭式乳酪佐覆盆子淋醬

白色的鮮乳酪—可媚乳酪,和酸酸的覆盆子淋醬搭配得恰到好處,是一道色彩美麗的甜點。

Les ingrédients
pour
4 personnes
4 人份

可媚乳酪 (cremet de touraine)
　　200cc
鮮奶油　100cc
糖粉　50g
香草粉　少許
覆盆子淋醬　250cc
覆盆子　1盒
薄荷葉　1盒

commentaires (注釋):
■如果買不到新鮮的可媚乳酪,也可以用一般的奶油乳酪 (crème fromage) 來做。這時,就不用將水瀝掉,直接和鮮奶油混合即可。

1 將濾網跨放進容器上,鋪上紗布,再將可媚乳酪舀進去。

2 放進冰箱冷藏一晚,讓水瀝掉。

3 將鮮奶油放進攪拌盆內打發,並加入糖粉、香草粉,然後,放進冰箱冷藏。

4 準備4個直徑8-10cm的舒芙雷模,每個都鋪上紗布。

5 將**2**和**3**充分混合。

6 將**5**倒入**4**裡,用紗布包起來,放進冰箱或冷凍庫冷藏 (約1個小時),讓它凝固。將覆盆子淋醬倒進盤中,**5**脫模後擺上去,用覆盆子和薄荷葉做裝飾。

MOUSSE GLACÉE AU CAFÉ
咖啡冰慕斯

這是個嘗試,將冰的舒芙雷,做得高度超過盛裝的容器。它那像氣泡,入口即化的口感,好吃極了。

Les ingrédients
pour
4 personnes
4人份

〈200cc的舒芙雷模 +
　高2~3cm × 4個的份量〉

蛋黃　6個
砂糖　100g
水　80cc
即溶咖啡粉　1大匙
明膠片(吉力丁)(3g)　4片
鮮奶油　300cc

蛋白　3個
砂糖　100g
鹽　1小撮

裝飾:
鮮奶油　150cc
咖啡豆　適量
可可粉　少許

commentaires(注釋):
■如果沒有適當的素材可以用來圍高出圓模的部分,也可使用手邊就有的容器,裝得滿滿的,讓它隆起來,再冷藏凝固。
■將蛋黃打成像**2**一般的乳狀,稱為薩巴用(sabayon)。溫度太高時,蛋黃會很容易變凝固,所以,隔水加熱時要常常將容器移開,避免溫度太高,讓它可以慢慢地變成乳狀。

1 在舒芙雷模的周邊用透明塑膠片等材質的東西圍起來,讓慕斯可以做成像舒芙雷般地高起來。

2 將蛋黃、砂糖、水放入攪拌盆中,充分混合後,隔水加熱,將蛋黃迅速攪拌成乳狀,像稀的美奶滋一樣。

3 加入即溶咖啡粉混合。

4 明膠片用少量的冷水泡軟瀝乾後,趁**3**還微溫的時候放進去,並讓它自然地冷卻。

5 將鮮奶油放入攪拌盆內,攪拌盆底部隔著冰水打發。

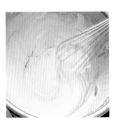

6 蛋白裡加入1撮鹽打發。打發至五分的時候,分2~3次將砂糖加進去,繼續打發至十分。

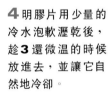

7 輕輕地混合**4~6**,留意不要把氣泡弄塌了。

8 將混合好的**7**立刻裝進**1**的容器裡。

9 表面整平,放進冷藏凝固2小時左右,凝固後拆掉圍在容器上的透明塑膠,打發裝飾用的鮮奶油,在上面擠花,擺上咖啡豆做裝飾,撒上可可粉。

CLAFOUTIS LIMOUSIN
利穆贊式可拉芙提

新鮮的櫻桃盛產時，最適合做的一道味道優雅又樸實的家庭式甜點。

Les ingrédients
pour
4 *personnes*
4 人份

〈直徑20cm的圓模 1 個〉
去籽櫻桃　300g
奶油　50g
砂糖　1 小撮

料糊 (appareil)：
蛋　3個
砂糖　80g
鹽　1 小撮
麵粉　80g
牛奶　500cc
奶油　1 大匙

裝飾用：
糖粉　適量

commentaires（注釋）：
■如果使用的是新鮮的櫻桃，要先
用糖漿 (sirop) 煮過。
■可拉芙提 (clafoutis) 適合在微溫的
狀態下或冷藏過後再吃。它可以說
是一種準備起來最容易的甜點。

1 將瓶裝或罐裝櫻
桃的汁液瀝掉，用
25g的奶油炒，再加
入1小撮砂糖，煮到
砂糖融化，彷彿在
櫻桃的表面覆蓋上
一層焦糖般為止。

2 剩餘的奶油塗抹
在圓模內。

3 將**1**裝進**2**裡。

4 製作料糊。將1小
撮的鹽、砂糖、蛋放
進攪拌盆內混合後，
再篩入麵粉，用攪拌
器充分拌勻。

5 牛奶加入1大匙的
奶油煮沸後，再一
點點地加入**4**裡混
合。（這樣做出來的
就很像稀的可麗餅
(crêpe) 料糊。）

6 將**5**邊過濾，邊
倒進**3**的圓模裡。

7 隔著熱水以180℃
烤約 25分鐘。烤好
後，讓它自然地冷卻，
撒上糖粉作裝飾，就
可以端上桌了。

ROULÉ À LA CONFITURE D'ORANGE
香橙果醬蛋糕捲

大家所熟悉的蛋糕捲，只要稍微花點功夫，就可以變成一道漂亮的點心。它的甜味既實在，又濃郁。

Les ingrédients
pour
4 *personnes*
4 人份

全蛋法海綿蛋糕　1塊

糖漿：
砂糖　150g
水　150cc
香草莢　1/2枝
康圖酒 (cointreau)　5cc

裝飾：
柳橙　1又1/2個
香橙果醬　75g
開心果　5g
薄荷葉　少許

1 將砂糖、水、香草莢（連同香草籽）放進鍋內加熱，製作糖漿。

2 柳橙對半切開，再切成薄片，放進 **1** 裡煮。趁這個時間，用削皮器將柳橙皮削成細長條，同樣煮過備用。

3 等到柳橙皮的部份煮成透明後，就將柳橙片取出，放入冰箱冷藏。

4 參考第*103*頁，製作全蛋法海綿蛋糕。將烤盤紙鋪在鐵烤盤上，倒入全蛋麵糊，厚度小於 1 cm，以180℃烤約6~8分鐘。

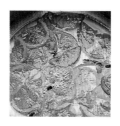

5 烤好後，立刻倒過來蓋在另一張烤盤紙或鐵網上，撕掉進烤箱烤過的那張烤盤紙，放著讓它自然冷卻。

6 將1/2量的康圖酒倒入 **3** 煮過柳橙的糖漿裡。

7 用毛刷將 **6** 塗在 **5** 烤成黃褐色那一面上（翻過來的那一面），讓它滲進蛋糕裡。

8 柳橙果醬和剩下的1/2量的康圖酒放進鍋內加熱。

9 用抹刀將 **8** 的果醬均勻地塗抹在 **7** 的表面上（留一點做最後修飾時用）。

10 利用鋪在下面的烤盤紙將海綿蛋糕捲起來，烤盤紙的尾端壓在下面，放進冰箱冷藏（冰到果醬會凝固為止）。

11 將邊緣切掉，用 **3** 的柳橙片做裝飾。

12 將剩餘的 **8** 稍微熱過，用毛刷塗抹在 **11** 上，放進冰箱冷藏。最後，將糖煮柳橙皮細絲和切碎的開心果撒在上面，再用薄荷葉做裝飾。

SOUFFLÉ AU COINTREAU
康圖酒風味舒芙雷

這是一種加了康圖酒，適合搭配香檳一起吃的甜舒芙雷。要在剛出爐、熱騰騰的時候吃！

Les ingrédients
pour
4 *personnes*
4 人份

〈500 cc舒芙雷模 1 個的份量〉
糕點奶油餡(crème de pâtissière)：
牛奶　　　250 cc
蛋黃　　　2 個
砂糖　　　60 g
麵粉　　　20 g
玉米粉　　20 g
香草莢　　1 枝

蛋白　　　4 個
砂糖　　　2 大匙

糖漬去皮柳橙　　30 g
糖漬橙皮　　1 個的份量
康圖酒　　5 cc
奶油　　　40 g
糖粉　　　適量

commentaires(注釋)：
■製作舒芙雷的時候，最重要的就是蛋白要打發得很結實，時間的掌控，以及烘烤的溫度。法國有個俚語「舒芙雷不等客人，是客人等舒芙雷」，由此可想而知，舒芙雷是要在剛出爐，熱騰騰而又鬆鬆軟軟的時候吃最好。

1 製作糕點奶油餡。牛奶倒進鍋內，用刀子剖開香草莢，將香草籽刮下來連同香草莢都放進鍋內，加熱到沸騰。

2 將蛋黃和砂糖放進攪拌盆內，用攪拌器打到發白。

3 將麵粉和玉米粉篩入攪拌盆內，充分混合。

4 將**1**倒 1/3 量到**3**裡，和**3**混合好後，再倒回**1**鍋內，邊攪拌邊用小火加熱。沸騰後，立刻關火，倒進其他的托盤裡待涼。

5 打發蛋白。打發到7~8分時，加入砂糖。

6 將蛋白打發到成立體狀，是做好舒芙雷的一大訣竅。

7 糖漬橙皮、糖漬去皮柳橙切成小骰子狀，和康圖酒一起加進**4**的糕點奶油餡裡。

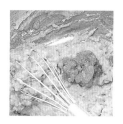

8 將**6**的打發蛋白分2次加進去，儘量小心不要破壞蛋白泡沫，用橡皮刮刀像切東西般地輕輕地混合。

9 舒芙雷模內塗上奶油，撒上砂糖(未列入材料表)，再將多餘的砂糖倒掉。

10 將**8**倒進舒芙雷模內，表面用抹刀整平。

11 用姆指沿著周邊作出一圈的圓溝，讓舒芙雷看起來像直立起的樣子。然後，立刻放進已預熱200℃的烤箱裡。如果是1人份的小舒芙雷模，就烤約12~15分鐘，如果是500 cc的舒芙雷模，就烤約25~30分鐘。

12 烤好後，撒上糖粉，就可以端上桌了。

法國料理可以看出職業水準的功力和火候的地方，就在於高湯的使用。高湯對醬汁和湯而言，是很重要的素材，因此，只要有好的高湯，就可以輕而易舉地做出美味的醬汁和湯。若要做出道地的口味，就不能沒有高湯，這可是法國料理的基本要素。不過，就算是在家裡做，只要材料備齊，時間充裕，也可以輕易地做得很好。

前面已經介紹過，法國料理的肉類高湯大致上可以分為白色高湯和褐色高湯兩種，另外還有雞高湯和魚高湯，總共四種高湯。這些高湯，使用的主要材料都各不相同，所搭配的菜餚也不同。醬汁大致上也可以分為白色醬汁和褐色醬汁兩種。原則上，白色醬汁是用在白肉（雞、豬等）類上，褐色醬汁則用在紅肉（牛、鴨或其他野味等）類上。

法國料理的基本技巧

製作高湯的時候，最重要的  就是要確實遵守以下四個原則：不加鹽、不蓋鍋蓋，煮沸後就不要再繼續讓它再沸騰，並細心地撈掉浮沫。若是希望煮的時候不會出現浮沫，當然就得將材料徹底洗淨、去血，並事先燙過，不要嫌這些步驟太麻煩而省略了。不只是做高湯，在做菜的時候，也常需要不斷地用濾網過濾，或把油瀝乾，這些步驟看起來似乎很麻煩，但是，卻都是會影響到成品味道的重大關鍵。而且，用剩的高湯也可以在熬煮過後，存放備用。

蔬菜的切法，依切成的形狀或大小的不同，也各有其獨特的稱法。蔬菜大致上也可分為「綠色蔬菜」和「乾燥蔬菜」兩種，依各種素材的性質及大小的不同，煮的方式和煮熟所需的時間也會不同，所以，將各種蔬菜分開，各別煮熟，也是做法國料理時應遵守的一大基本原則。接下來，就針對各類高湯、澄清高湯、蔬菜的切法、麵糰的作法等基礎，為您做整體的介紹。

LES FONDS
高湯

FOND BLANC
白色高湯

白色高湯有用小牛、雞、小羊或牛骨做成的高湯，除了雞以外的骨頭，都可以任意切成塊狀來用。雖然過濾後的高湯一點都不白，但相較褐色高湯的顏色，就被稱為白色高湯了。

在各種高湯當中，最容易做的就是用雞骨頭來做的高湯。訣竅就在於把雞清理乾淨，浮沫撈掉。即使覺得很費事，只要能夠確實做到，就會明白即使是同樣的素材，也可以做出意想不到的好味道！白色高湯可以使用在做湯 (soupe)、清湯肉凍 (gelée de consomme)、煮肉用的湯汁 (bouillon)、醬汁 (sauce) 等各種料理上。

Fond de volaille
雞高湯

Les ingrédients

〈1公升的份量〉
雞骨頭　1 kg
水　2公升

辛香蔬菜：
紅蘿蔔　100 g
洋蔥　50 g
韭蔥(中)　1枝
芹菜　1枝
大蒜　2片
調味辛香草束
(bouquet garni)　1束
丁香　1個

1 雞高湯的材料。雞骨頭清理乾淨備用。製作高湯的秘訣就在於如何撈掉浮沫，過濾出清澈的高湯來。

2 將雞骨頭放進大的容器裡，用6個小時以上不停地注入水來去血。

3 將去血後的雞骨頭放進大鍋內，注入水到可以淹沒雞骨頭的高度，慢慢加熱到沸騰。等到浮沫浮出水面，煮沸後，就把湯倒掉，用水沖洗一下。

4 雞骨頭再放回鍋內，加入辛香蔬菜，注入水到可以淹沒材料的高度，加熱到沸騰。

5 沸騰後，立刻仔細地撈掉浮沫，改用小火煮約1個小時(如果是小牛高湯，就要煮 2個半小時~3 個小時)。

6 這是慢慢地煮好之後的狀態。這時，浮沫已少了很多。

7 用2個細孔濾網，中間夾著溼布來過濾煮好的高湯。如果只有1個細孔濾網，這樣過濾也可以，不過，將2個重疊，中間夾著的溼布就不會滑掉，過濾起來比較方便。

8 做好的雞高湯。雖然早點用掉會比較好，若想再保存一段時間，可以在熬煮過後，冰成冰塊，或是讓它結成肉凍，再冷凍保存。

調味辛香草束的組合：這裡所使用的調味辛香草束，是用韭蔥皮青色的部分，將百里香、芹菜、巴西里的莖和月桂葉包起來，再用綿線綁住而成。

FOND BRUN
褐色高湯

褐色高湯是用小牛、小羊或牛骨做成的高湯,可以用在煮過後會變成褐色的所有肉類菜餚上。

製作褐色麵糊 (roux brun),或利用現有材料加上勾芡 (即加熱使澱粉質變糊的作用,或是利用蛋白質的固化作用,來增加液體的濃稠度。麵粉、玉米粉、蛋黃、血等都是常用的素材) 來製作醬汁時,也常會用到褐色高湯。

若要長期保存,就要好好地熬煮成茶色的糖漿狀,以 -10℃冷凍保存。這樣雖然可以保存很久,在冰箱內放太久,就很容易沾染上冰箱內其他的氣味,所以,建議您還是儘量在1個月之內就用掉比較好。

Fond de veau
小牛高湯

〈1公升的份量〉
小牛帶膠質的關節骨 (適當地切成塊)　　1kg
(若是買不到,可以用已切除肥肉的帶筋牛肉代替)

水　5公升	大蒜　2瓣
紅蘿蔔　100g	調味辛香草束
韭蔥　1枝	(bouquet garni)　1束
洋蔥　100g	蕃茄　3個
濃縮蕃茄醬　2大匙	芹菜　2塊

1 蔬菜全部切成大塊的「調味用辛香蔬菜」(參考第98頁)。

2 將小牛骨排列在烤盤上,用烤箱以220℃烤到變色。

3 變色後,將蕃茄以外的所有蔬菜和大蒜、調味香草束排列在小牛骨上,用烤箱再烤約15分鐘,烤到變色。

4 將3倒進大鍋子裡,加蕃茄和濃縮蕃茄醬進去炒,再注入剛好可以淹沒材料高度的水,慢慢加熱到沸騰。在家裡做,量比較少的情況下,可以在3的鐵烤盤上加水稀釋,擷取附在其上的烤汁,再加回4裡。

5 沸騰後,撈掉浮沫,調成小火,邊撈掉浮沫,繼續煮約3個小時。

6 煮到水量約剩一半時,就加水進去,再煮1~2個小時,就會更有味道了。

7 這是煮到味道都已經出來了的狀態。

8 將7倒進濾網裡過濾。

9 擠壓濾網上的材料,不要浪費掉任何一滴湯汁。

10 這是已做好的小牛褐色高湯。

11 若要保存留著以後用,就要再濃縮成這樣茶色糖漿般的狀態。

12 放進冰箱冷藏後,就會凝固成像肉凍一樣。

FUMET DE POISSON
魚高湯

這是用魚骨做成的高湯，所有魚料理的湯或醬汁都可以使用。比目魚、鯛魚、鰈魚等扁平魚類的魚骨都很適合，其中，又以鰊魚是眾所公認最為適合的。
做魚高湯的時候，浮沫會特別多，因此，仔細地撈掉浮沫，是做出好高湯的成功秘訣。還有，本來附著在魚骨上的肉，煮過後會散掉，所以，請留意不要讓它一直保持在沸騰的狀態。

Les ingrédients

〈1公升的份量〉

魚骨頭 1kg	辛香蔬菜：
白酒 100~250cc	洋蔥 60g
調味辛香草束	芹菜 1枝
(bouquet garni) 1束	韭蔥的蔥青部分 1枝
奶油 60g	紅蔥頭 50g
水 1.5公升	蘑菇 50g

1 魚骨頭用水沖6個小時以上，徹底去血。也可以用水浸泡，放入冰箱冷藏。

2 辛香蔬菜切成薄片，用奶油慢炒到變軟，注意不要炒焦了。

3 將**1**的魚骨頭加到**2**裡，炒5分鐘左右，讓水分蒸發。

4 將白酒倒入**3**裡，加熱到沸騰，以去酒精和酸味。

5 注水到可以淹沒材料的高度，加入調味辛香草束，加熱到沸騰。

6 仔細撈掉大量的浮沫，為避免魚肉散掉而使湯汁變濁，加熱到水面開始震動時，就把火調小一點，煮約20分鐘(若是煮超過20分鐘，魚骨頭的味道就會跑出來了)。

7 然後，靜置一下讓它蒸發，等雜質沉澱下去。

8 用杓子從上面開始，慢慢地舀進中間夾了溼布 (或廚房紙巾)，重疊在一起的兩個細孔濾網裡過濾。決對不要擠壓，讓它自然地流進去。

9 完成後，就會變成清徹、無色的高湯。用法和白色高湯相同，可以加白色麵糊 (**roux blanc**) 來做白色濃湯 (**velouté blanc**)，或用在製作魚料理的醬汁等上面。

CLARIFICATION D'UN FOND
澄清高湯的作法

無論是白色高湯或褐色高湯，都可以用澄清（除去雜質）的方式變得清徹而透明。蛋白具有過濾的功效，它所具有的凝固力可以凝固雜質，而使用絞肉，是為了要以血去血，除去高湯裡所含的血液等雜質。將蔬菜切碎，是為了要增加可吸收雜質的表面積。加冰塊也是為了要加大和熱高湯的溫差，增加凝固力。當然，絞肉和蔬菜也可以增加高湯的香醇和美味。

使用過濾澄清的高湯，可以製作清湯 (consommé)，或加了明膠片的肉凍 (gelée de consommé)。而且，因為牛和雞的骨質裡含有較多的凝固成分，做出來的高湯一經過濾後，即使是不加明膠片等凝固劑，也可以做成肉凍。另外，魚高湯在過濾後，同樣也可以用來做清湯，或肉凍。

Les ingrédients

〈過濾1公升的高湯時〉
（最後可做出約250cc的量）
牛絞肉　　200g
蛋白　　75g
紅蘿蔔　　50g
洋蔥　　50g
芹菜　　1/2枝
韭蔥蔥青的部分　　1/2枝
蕃茄　　1/2個
粗鹽　　適量
碎胡椒粒　　適量
冰　　100g

1 蕃茄帶皮切成大塊，其他的蔬菜切成薄片，或切碎。

2 將絞肉、蛋白加到**1**裡。

3 將蛋白打散，和肉、蔬菜一起拌勻。

4 加入碎冰塊，一起混合。

5 加粗鹽和胡椒粒到高湯裡，加熱到沸騰，再用杓子一點點地舀到**4**裡。加熱時，要慢慢地攪動整鍋高湯，以避免蛋白因高湯的熱度而凝固。

6 將**5**換到大鍋子裡，用中火慢慢地加熱，使溫度上升。

7 加熱時，為避免蛋白會凝固，沾在鍋底，到沸騰之前，要不斷慢慢地攪動。一旦沸騰，就要立刻停止攪動。

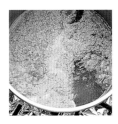

8 **3**會吸收雜質，並浮出表面，所以，用小火煮約30分鐘。若是加熱到沸騰，雜質就會和高湯混合而一下子變渾濁，因此，要讓高湯保持在表面微震的狀態，隨時調整火侯。

9 用鋪了紗布的濾網小心過濾。

10 這就是過濾完成的高湯。放入冰箱冷藏一晚後，脂肪會變白凝固，因此，需要再用濾網過濾。

如何製作清湯肉凍 (gelée de consommé)
將**10**經過濾變澄清的高湯熱過，加入20g用水浸泡並瀝乾過的明膠片。調味後，倒入容器內，冷藏使其凝固。

VELOUTÉ BLANC
白色濃湯

麵粉用約同樣份量的奶油來炒成白色的麵糊，再一點點地加雞高湯進去稀釋，就可以做成這種基本的醬汁。它可以用來製作各種白色系的醬汁或湯。白色濃湯的濃度會配合使用方式而有所不同，在此為您介紹的，是基本份量的作法。

Les ingrédients

麵粉　50g
奶油　50g
白色高湯　1公升

1 將奶油放入鍋內加熱融化，要用小火，才不會燒焦了喔！
2 加入麵粉，用攪拌器充分混合，並留意不要焦掉了。
3 將**2**的麵糊從爐上移開，讓它冷卻至室溫。
4 加熱白色高湯到沸騰，再一點點地加入已變冷的麵糊，用攪拌器慢慢地混合稀釋。
5 再次用小火加熱，沸騰後，至少要再煮30分鐘以上。

ROUX BRUN
褐色麵糊

褐色麵糊的製作要領也和白色麵糊大致相同，不過，在炒麵粉的時候，要慢慢地炒到變褐色。用褐色麵糊勾芡過的褐色高湯，可以成為各種醬汁的基本材料。

Sauce Madère
馬得訶醬汁（加了馬得訶葡萄酒的稀黃醬汁）

Sauce Bordelaise
波爾多醬汁

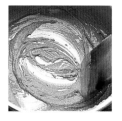 

全雞的綁法

1 把雞洗乾淨,用廚房紙巾將表面擦乾備用。

2 切掉雞頭。雞脖子還可用來做菜,所以只需切掉頭的部分。

3 除去腹部裡多餘的肥肉。

4 取出雞胸的 V 形骨。

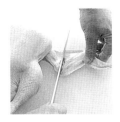

5 切掉雞翅最末兩節。

6 雞爪留下中間的那隻,其他兩側切除,留下的那隻要切掉前端的趾甲。

7 在雞腳彎曲部位切一刀,讓它容易彎曲。

8 在雞屁股部份,將會煮出腥味的黃色蠟質部分切除。

9 插入針。用類似縫榻榻米專用的長針穿上棉線,將雞擺置像圖片的樣子。

10 用針挑起皮的部分插,留意不要插到肉,斜斜地從雞腿貫穿到雞翅連接身體的部分。

11 翻面,挑起雞脖子皮的部分插過去,固定雞翅連接身體的部分。

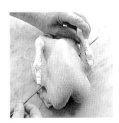

12 從雞翅連接身體的部分開始,再斜插貫穿至另一邊的雞腿皮。

13 雞腹的下方也用針穿過,固定住雞腿。

14 最後,拉緊棉線,將整隻雞綁好。

97

TAILLE DES LÉGUMES
蔬菜的切法

蔬菜的切法會因做的菜不同而異,因為關係到容易煮熟與否,以及火侯的調整。最具代表性的就是被稱為「mirepoix」的調味用辛香蔬菜的切法。蔬菜並無任何特定的切法或一定的大小,而是會依照加熱時間的長短而切成不同的大小。接下來要為您介紹的,都是些非常基本的切法。

Brunoise 小骰子狀蔬菜

紅蘿蔔、芹菜、根芹(céleri-rave)、蕪菁、洋蔥等蔬菜切成約2mm的小骰子狀。常用來做漂浮在湯面的料,或醬汁、餡的料。

Julienne 細絲蔬菜

紅蘿蔔、蕪菁、芹菜、根芹(céleri-rave)、韭蔥等蔬菜切成約4~5cm長的細絲。細絲若是再切成小塊,就成了小骰子狀蔬菜了。用奶油煮過後,常被用來做為漂浮在湯面的浮料等用法上。

Jardinière 田園式蔬菜

紅蘿蔔、蕪菁、四季豆等蔬菜切成長約3cm,寬跟厚約4mm的板狀(像打拍子用的板子)。先水煮,再用奶油炒過,加上青豌豆,就成了燒烤料理的最佳配菜了。

Macédoine青豌豆大的骰子狀蔬菜

紅蘿蔔、蕪菁、四季豆等蔬菜切成青豌豆般大小的骰子狀。常在水煮過後,拌美奶滋一起吃。

Paysanne de légumes

紅蘿蔔、洋蔥、芹菜、韭蔥等蔬菜切成扇形薄片。常被用來做為湯料或浮料,以及使用在各式各樣的裝飾菜式上。

Mirepoix 調味用辛香蔬菜

「Mirepoix」被稱為調味用辛香蔬菜,製作高湯或醬汁,以及用小火慢慢地燉肉時常會用到。切成的大小和烹調的時間成正比。
照片中的蔬菜,從右到左不同的大小,加熱的時間分別為:20~30分/1小時/3小時。

PRÉCISIONS SUR LA CUISSON DES LÉGUMES
蔬菜的料理法 (煮法)

黃綠色蔬菜要用加了鹽的沸水燙,燙好後立刻過冰水。這是務必遵守的不二法則。
乾燥的豆類和馬鈴薯,就得從冷水開始加熱。煮好後,也不用過冷水。

TAILLE DES POMMES DE TERRE
馬鈴薯的料理法與切法

馬鈴薯是料理的裝飾配菜中，最常被使用的素材。因此，馬鈴薯有各式各樣的烹調法，切法也都各不相同，並成為法國料理的一大基礎。其實光是馬鈴薯的作法，就多到可以開一門課了，在此，僅為您介紹其中的幾種。

TOURNÉ
削圓

1 馬鈴薯削皮，先切掉兩端，用食指與姆指撐好。

2 去掉稜角，削成圓形，將形狀修整好。削成圓形後的馬鈴薯煮起來就比較不會散掉，而且形狀也會比較漂亮。

LES POMMES FRITES
炸馬鈴薯

薯條或薯片的形狀，是大家所熟悉的，除此之外，還有很多種切法。

Les pommes pont-neuf
切成1cm方形 ×5cm長的棒狀馬鈴薯。

1 馬鈴薯削皮，將上下切掉，變成四方柱，再切成1cm厚的薄片。

2 然後，切成1cm寬的條狀。

● 可以排列成像下面左邊照片般的井字形。

Les pommes allumettes
切成3~5mm方形 ×5cm長的火柴棒狀馬鈴薯。

1 馬鈴薯削皮，將上下切掉，變成四方柱，再切成薄片。

2 切成像火柴棒粗的細長條。

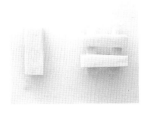

LES POMMES RISSOLÉES
黃褐色馬鈴薯

馬鈴薯用水煮過，加油用大火炒到表面變成焦糖狀。多半會先削圓後再料理。

Les pommes châteaux 城堡式馬鈴薯
馬鈴薯削皮，將上下切掉，削圓，修成紡錘形。

Les pommes cocottes 燉煮用馬鈴薯
馬鈴薯削皮，將上下切掉，切成4塊後稍微修圓。要配合一起煮的材料，切成同樣的大小。

Les pommes noisettes 榛果形馬鈴薯
蔬果挖球器(cuilliere parisienne)作成榛果形。

其他的料理方法

LES POMMES SAUTÉES
炒馬鈴薯

炒馬鈴薯的方法，有直接生炒、水煮過後再炒、或是先水煮過然後用奶油炒的里昂式炒法，以及加上同樣用奶油炒過的洋蔥等很多種。

LES POMMES PURÉES
馬鈴薯泥

將煮熟的馬鈴薯用磨蔬菜泥器 (moulin à légumes) 磨成馬鈴薯泥。從加奶油及鮮奶油的基本吃法，到製作可樂餅(croquette)、馬鈴薯泡芙、油炸薯泥球等等，作很多菜的時候都可以用到。

LES POMMES À L'ANGLAISE
英式馬鈴薯

馬鈴薯削圓後再料理。馬鈴薯的煮法很多，例如：只是單純用水煮的，或是再撒上鹽來炒到表皮酥酥脆脆的，或混合切碎的巴西里等等。

LES PÂTES SALÉES, SUCRÉES, LEVÉES
基礎麵糰（鹹味、甜味以及發酵麵糰）

PÂTE BRISÉE
基本酥麵糰

Les ingrédients

麵粉	200g
全蛋	1個
奶油	100g
鹽	5g
水	1小匙～適量

這種麵糰不加糖，常被用在製作洛林法式鹹蛋塔等料理上。若是揉過頭了，就會生筋，作不出鬆鬆脆脆的塔皮。產生太多筋度時，靜置一天後再烤比較好。還有，加水的時候，要視麵糰的實際狀況而定，太硬時，就多加一點水，太軟了，就少加一點水。作業台用大理石板最適合。

1 將麵粉篩在作業台上。

2 在中央挖一個有如泉狀般的凹陷，將蛋打進去。

3 加入鹽，和剁成小塊、已變軟的奶油。

4 用刮板等器具邊切邊混合。

5 邊注意麵粉的狀況，邊加入1小匙的水。

6 均勻地混合在一起，水若不夠，就再加些進去。

7 最初，用手可能不太容易混合好，只要慢慢地混合，就可以混合均勻了。

8 整合成糰後，不要再揉，用折疊的方式混合。

9 整合成方塊形，用保鮮膜包起來，放進冰箱冷藏20分鐘以上。要烤的時候，先用擀麵棍擀開來，烤20分鐘後，填入餡，再烤一次。

PÂTE BRISÉE SUCRÉE
甜味基本酥麵糰

Les ingrédients

麵粉	200g
全蛋	1個
砂糖	20g
香草粉	1小撮
奶油	100g
鹽	1小撮
水	1小匙～適量

甜味基本酥麵糰的作法和基本酥麵糰相同。在中央挖一個有如泉狀般的凹陷，將蛋打進去後，再加入砂糖。第一次未包餡時烤的時間也大致相同，約為20分鐘。一般在家裡做的時候，麵皮擀開後，不用先烤一次，可以直接包餡，只烤一次也行。不過，烤兩次做出來的東西，口感會比較酥，也比較好吃。烤第二次的時候，邊緣部分若看起來可能會燒焦，可事先用鋁箔紙蓋起來再烤。這種麵糰，適合用來做水果塔，或當作甜點用的塔等西點。

PÂTE SUCRÉE
甜酥麵糰

甜酥麵糰的砂糖含量較高、較柔軟而難以處理,所以,最好先放在烤盤紙上,再用擀麵棍擀開,然後連同烤盤紙移到烤模上比較方便。這種麵糰,主要也是用在製作塔上。請擀成2~3mm的厚度再用。第一次未包餡烤的時候,先將擀開的麵皮套入烤模內,再鋪上烤盤紙(或鋁鉑紙),放上鎮石(小石子、金屬、大豆等)壓住,再烤。烤好後,卸下鎮石,塗上蛋黃,再烤到上色,烤好後,要立刻脫模。

Les ingrédients

麵粉	300 g
糖粉	150 g
(如果使用細砂糖,水分就會跑出來,變得很難處理)	
蛋黃	3 個
奶油	150 g
水	1 小匙~適量
鹽	1 小撮
香草粉	1 小撮
(如果沒有,也可以用香草莢,或香草精)	

1 麵粉和糖粉一起過篩,堆成山的形狀。

2 做一粉牆,將蛋黃、水、香草粉、鹽放進去。

3 從內側開始,逐漸弄塌周圍堆成山的部分,整個混合均勻。

4 加入剝成小塊、變軟的奶油。

5 用刮板迅速地邊切邊混合。

6 用折疊的方式混合,整合成塊。

7 整合成方塊形,用保鮮膜包起來,放進冰箱冷藏(最好能夠放1整天)。烤的時候,先用擀麵棍擀開,套入烤模裡。未包餡的時候,需烤約20分鐘。

PÂTE LEVÉE
發酵麵糰

Les ingrédients

中筋麵粉　400 g
牛奶　125 g　　　全蛋　3個
活酵母菌　15 g　　鹽　1小撮
(或乾燥酵母菌7~8 g)　奶油　125 g
　　　　　　　　　橄欖油　2大匙

製作發酵麵糰的時候，因為加了鹽之後，酵母菌就不會活動了，所以，要特別注意混合的順序。另外，加了酵母菌的牛奶溫度也不能過高，請維持在約35℃的狀態下。麵糰放著讓它發酵的時候，為避免過於乾燥，一定要用保鮮膜等東西包起來。中筋麵粉可用高筋麵粉和低筋麵粉混合各半來替代。這種麵糰常被用來製作南法的披薩拉帝耶 (pissaladière)、披薩、塔等西點。剩餘的麵糰，可以作成麵包的樣子來烤，享受樸實美味的樂趣。

1 牛奶加熱到約人體肌膚的溫度，加入用手捏散的酵母菌。

2 用攪拌器邊輕輕地混合，邊使酵母菌溶解開來 (若使用的是乾燥酵母菌，就必須先放置一會，讓它先溶解)。

3 將中筋麵粉和鹽篩入容器裡。

4 打蛋進去，充分混合。

5 混合好後，將**2**一點點地倒入混合。

6 剛開始可能很容易黏手，慢慢地揉和，就會變得比較不沾手了。

7 用手邊甩打，揉成球形的麵糰。

8 加入切成小塊已變軟的奶油和橄欖油。

9 直接蓋上溼布，放置在溫暖的地方約1個小時 (直到麵糰膨脹成2倍大)。

10 過了1小時後，將膨脹的麵糰甩打使奶油混合均勻。

11 混合到表面看不到奶油的時候，就大功告成了。

12 將麵糰擀開前，要先用保鮮膜包起來，放進冰箱冷藏至少25分鐘。用擀麵棍擀開的時候，麵粉要撒多一點。烘烤所需時間，會依麵皮的厚度而有所不同，大致上需要30分鐘左右。

GÉNOISE
全蛋法海綿蛋糕

這是種利用全蛋一起打發作成的海綿蛋糕。拌合的時候，不要攪拌出太多的泡沫。因為這樣做出來的海綿蛋糕，就算剛出爐的時候脹得高高的，也會很容易立刻就塌下去。使用手持式電動攪拌器，比較容易攪拌，加入麵粉的時候，尤其好用。烘烤所需的時間不一定，可用竹籤插入的方式判斷是否烤好了。製作的時候，也可加入融解過的奶油 (20~50g左右)，或可可粉 (如果是120g的麵粉，其中的30g可用可可粉來代替)。

Les ingrédients

〈鐵烤盤 2塊的份量／直徑21cm蛋糕模 1個的份量〉

全蛋	4個
砂糖	120g
麵粉	120g

〈直徑 18cm蛋糕模 1個的份量〉

全蛋	3個
砂糖	90g
麵粉	90g

1 首先，量好麵粉的份量，過篩並弄散結成塊的麵粉。

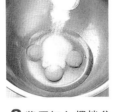

2 將蛋打入攪拌盆中，加入砂糖。

3 用攪拌器打到發白。

4 隔水加熱至40℃左右 (約人體肌膚的溫度)，用攪拌器或手持式電動攪拌器，打發到整個變白，變得濃稠膨脹的狀態。

5 將過篩的麵粉分成2~3次加到**4**裡，用橡皮刮刀從容器的底部翻動輕輕地混合均勻，並留意不要弄塌了泡沫。

6 在鐵烤盤上鋪烤盤紙，倒**5**進去，再用抹刀等器具將表面整平。

7 將厚度修整均勻，用烤箱以180℃烤約8分鐘。或倒入塗抹了奶油的模型裡，再敲敲底部，讓空氣跑出來後，用烤箱烤約12~15分鐘。

A

allumettes 切成寬/高約3~5mm，長約5cm，像火柴棒狀的東西。

anglaise 素材依序沾上麵粉、蛋、麵包粉，包裹而成的炸皮。

appareil 料糊。將各種材料煮好後，混合而成的東西。或只是單純地將材料混合而成的東西。

B

bain-marie 即隔水加熱。鍋內的水加熱到沸騰，再將裝了素材的容器底部放在上面來加熱，或是指隔水加熱用的鍋。

bâtonnet 小的棒狀東西。比火柴棒還粗一點。另外，也可指細長條的麵包。

beurres composés 混合了其他材料的奶油。

brunoise 切成約2mm大小骰子狀的蔬菜等東西。

C

chinois 金屬製圓錐形濾網。製作醬汁，作最後的過濾時常會用到。

concasser 切碎。搗碎之意。如蕃茄切丁是指切碎的蕃茄，可以就這樣生吃，或加熱後，當作配菜來使用。

coulis 蔬菜或水果打成糊狀的東西。

crème pâtissière 糕點奶油餡 (參考第89頁)。

croûton 油炸吐司。

D

déglacer 稀釋烤汁。即烹調過程中，粘在鍋底或鐵烤盤上美味的烤汁，加入少量的葡萄酒、利口酒，或其他的酒類、高湯、水等液體來溶解，稀釋。

E

émonder 指蕃茄的皮先燙過後再剝，或青椒的皮烤過後再剝。

F

fond blanc 白色高湯。即沒有染上顏色的湯汁，用小牛、雞、或小羊作成的高湯。

fond brun 褐色高湯。用小牛、小羊或牛骨作成的湯汁，可以用在所有烤成褐色的肉類料理上。

fond de veau 小牛高湯。用小牛骨作成的高湯，為褐色高湯中最具代表性的一種。

fond de volaille 雞高湯。用雞骨作成的高湯，為白色高湯中最具代表性的一種。

fumet de poisson 魚高湯。用魚骨作成的高湯，可以用在所有魚料理的湯汁，或醬汁的製作上。

G

garnitures 裝飾配菜。

génoise 用全蛋一起打發，作成的海綿蛋糕。

J

jardinière 切成長約3 *cm*，寬跟厚約4 *mm*的板狀蔬菜等東西。

julienne 切成長約4~5 *cm*細長條的蔬菜等東西。

jus 肉類等東西的烤汁、或是果汁。指素材本身就富含的天然美味。

L

liaison 增加液體濃度的材料。

lier 在醬汁或湯裡加入澱粉質的東西，或蛋、鮮奶油等來增加濃度。增加濃度。勾芡之意。

M

macédoine 切成青豌豆般大小骰子狀的蔬菜等東西。

mirepoix 調味用辛香蔬菜。製作高湯或醬汁，或用慢火燉肉的時候常會用到，切塊的大小和烹調的時間成正比。

N

nappage 點心做好後，為了使表面有光澤而塗上，或指淋醬一類。

P

pâtes 麵粉製作而成的麵糰。

paysanne de légumes 縱切成細長條，再切成薄片的蔬菜等東西。依其原來的形狀，可以切成方形，或扇形。

purée 不論生的或是熟的素材，用磨或過濾成泥狀的東西。

R

roux blanc 白色麵糊。將麵粉用幾乎同量的奶油炒過，沒有變成其他顏色的東西。

roux brun 褐色麵糊。製作要領和白色麵糊大致相同，只是在炒的時候，要慢慢地炒出黃褐色來。

S

spatule 木杓。

T

tourné 削圓。蔬菜等削皮後，再修整形狀，煮的時候比較不會散掉而且美觀。

V

velouté blanc 將麵粉用幾乎等量的奶油炒過，作成白色麵糊，再一點點地加入白色高湯稀釋，所作成的基本醬汁。可用在各種白色系的醬汁，或湯類上。

INDEX DES RECETTES 全書料理索引

PIERRE DEUX

本書中所使用的餐具，都是美國PIERRE DEUX公司的產品。

法國的室內設計家兼古董商PIERRE MOULIN，和法裔美國人PIERRE LEVEC，由於這兩位「PIERRE」的相遇，於是他們在美國成立了PIERRE DEUX FRENCH COUNTRY，而這「兩位名為皮耶的人」，即是品牌「PIERRE DEUX」名稱的由來。有著如此淵源的「PIERRE DEUX」，發表過無數的作品，而這些作品的創作靈感皆源自於法國充滿藝術氣息的地方工藝品，將法國風味的優雅引進了美國以布料、桌布、家具、裝飾品等為主的裝飾品世界。由董事長COINTREAU-DE BOUTEVILLE女士擔任美術總監的巴黎工作室，不僅紮根於法國各地自古相傳的文化遺產與工藝品上，同時創造出嶄新而經過千錘百鍊的設計，紮實地豐富了典藏的目錄。PIERRE DEUX這個品牌，從位於紐約麥迪遜大道870號的總店開始，擴充到在波斯頓、亞特蘭大、棕櫚灘、舊金山、達拉斯、芝加哥、卡美爾都設有分店，並於1996年確定在比佛利山（BEVERLY HILLS RODEO DRIVE）增設分店。（日本的聯絡方式：法國藍帶廚藝學院東京分校）

〈本書中所介紹的PIERRE DEUX產品〉
p. 10　桌布 "Le Veger"
p. 18　桌布 "La provence"
p. 23　布料 "Fontenay"
p. 31　布料 "Île-de-France"
p. 46　布料 "La Fayette"
p. 47　桌布 "Terre Mêlée"
p. 50　桌布 "Le Jardin"
　　　桌布 "Long Fossé"
p. 54　布料 "Blosses"
p. 59　桌布 "Lille"
p. 62　布料 "Houdan"
p. 63　桌布 "Les Ballons de Gonesse"
p. 66　桌布 "Long Fossé"
p. 67　布料 "Villandry" & 桌布 "La Provence"
p. 71　布料 "La Déclaration"
p. 77　布料 "Les Ballons de Gonesse"
p. 81　布料 "Favenay "
p. 83　布料 "Beaumesnil"
p. 85　布料 "Espalier"
p. 89　布料 "Le Délice des Quatre Saisons"

D‧MARTIN 丹尼耶-馬爾當

法國藍帶廚藝學院東京分校主廚。生於素以美食聞名的法國奧弗涅 *(Auvergne)* 地區，從14歲開始踏入料理的世界。曾活躍於倫敦科諾特酒店*(The Connaught Hotel)*、巴黎美心餐廳 *(Maxim's de Paris (Paris))*、巴黎麗緻酒店*(Hotel Ritz (Paris))*等歐洲一流的餐廳，於1987年開始，就任巴黎美心餐廳東京分校的總主廚。1992年起，開始擔任法國藍帶廚藝學院東京分校主廚。為駐日法國廚師協會會員，亦曾擔任該會之會長一職，在法國料理業界具有舉足輕重的地位。誠懇而滿富機智的人品，使他受到眾人的喜愛。這位料理大師同時認為，一些熱愛釣魚的饕客也能夠將魚料理作得跟職業廚師一樣地好，原因便在於對釣魚的執著和敏銳。

本書承蒙本校糕點部門師傅和工作人員的熱情幫助，以及所有相關人員的大力支持，Le Cordon Bleu 在此表示衷心的感謝。

攝影 日置武晴　翻譯 辻内理英
設計 中安章子　書籍設計 若山嘉代子 L'espace

國家圖書館出版品預行編目資料

法國料理基礎篇 I

法國藍帶東京分校 著；--初版.--臺北市

大境文化，2002[民91] 面； 公分.

（法國藍帶系列；）

ISBN 957-0410-19-1

1. 食譜 - 法國

427.12　　　　　91000199

法國藍帶 東京學校

〒150 東京都涉谷區猿樂町28-13

ROOB-1　　TEL 03-5489-0141

LE CORDON BLEU

●8 rue Leon Delhomme 75015 Paris,France

●114 Marylebone Lane W1M 6HH London,England

http://www.cordonbleu.net

e-mail:info@cordonbleu.net

器具、布贊助廠商　PIERRE DEUX FRENCH COUNTRY

404 Airport Executive Park Nanuet, N.Y. 10954 U.S.A

TEL (914)426-7400　FAX (914)426-0104

日本詢問處 PIERRE DEUX

〒150 東京都涉谷區惠比壽西1-17-2

TEL 03-3476-0802　FAX 03-5456-9066

系列名稱／法國藍帶

書　名／法國料理基礎篇 I

作　者／法國藍帶廚藝學院

出版者／大境文化事業有限公司

發行人／趙天德

總編輯／車東蔚

文　編／陳小君

美　編／車睿哲

翻　譯／呂怡佳　審　定／洪哲煒

地址／台北市雨聲街77號1樓

TEL／(02)2838-7996

FAX／(02)2836-0028

初版日期／2002年3月

定　價／新台幣340元

ISBN／957-0410-19-1

書　號／04

讀者專線／(02)2836-0069

www.ecook.com.tw

E-mail／tkpbhing@ms27.hinet.net

劃撥帳號／19260956大境文化事業有限公司